好习惯从小培养

本书共分“做人的好习惯”、“品德和生活的好习惯”、“学习的好习惯”、“交往的好习惯”、“心理上的好习惯”、“做事的好习惯”六个方面，以通俗流畅的语言和生动的案例，分析和说明好习惯对一个人一生所产生的积极作用。希望本书能为广大青少年读者培养良好的习惯、塑造成功的人生有所帮助。

王可◎编著

中国出版集团
现代出版社

图书在版编目（CIP）数据

好习惯从小培养 / 王可编著. — 北京：现代出版社，2011.9（2021 年 5 月重印）

ISBN 978 - 7 - 5143 - 0248 - 6

Ⅰ. ①好… Ⅱ. ①王… Ⅲ. ①青少年 - 习惯性 - 能力培养 Ⅳ. ①B842.6

中国版本图书馆 CIP 数据核字（2011）第 146901 号

好习惯从小培养

编　　著	王　可
责任编辑	张桂玲
出版发行	现代出版社
地　　址	北京市安定门外安华里 504 号
邮政编码	100011
电　　话	010 - 64267325　010 - 64245264（兼传真）
网　　址	www. 1980xd. com
电子信箱	xiandai@ vip. sina. com
印　　刷	三河市人民印务有限公司
开　　本	710mm × 1000mm　1/16
印　　张	13
版　　次	2012 年 3 月第 1 版　2021 年 5 月第 8 次印刷
书　　号	ISBN 978 - 7 - 5143 - 0248 - 6
定　　价	38.80 元

前　言

习惯就像是飞驰的列车，强大的惯性力量使人无法止步。习惯是人们在日常生活中一点一滴、循环往复、无数重复的行为动作不断重复强化而成的。好的习惯是一种利人利己的坚持，坏的习惯是一种害人害己的惰性。习惯的影响力非常巨大，它不但能够影响我们对待人和事物的心态，也影响到我们对人和事物的看法，更决定我们一生的命运。多一个好习惯，我们就多一次成功的机会；多一个好习惯，我们就会多一分成功的信心。从一定程度上讲，习惯决定着我们的命运。

我们在不知不觉中长年累月养成的习惯，具有强大的惯性，它影响着我们的行为，影响着我们的效率，左右着我们的成败。研究发现，一个人一天的行为中，大约只有5%是属于非习惯性的，而剩下的95%的行为都是习惯性的行为。

有人曾问一位荣获诺贝尔奖的科学家："请问您是在哪所大学里学到了您认为是最重要的东西？"这位科学家平静地回答："在幼儿园。""在幼儿园学到什么？""学到把自己的东西分一半给小伙伴，不是自己的东西不要拿，东西要放整齐，吃饭前要洗手，做错事要表示歉意，午饭后要休息，要仔细观察大自然……"

习惯决定青少年一生的命运，再也没有什么比习惯养成更重要了。大量事实证明，习惯是一种顽强的力量，可以主宰人的一生。好的习惯一旦形成，将受益终生。

俄罗斯教育家乌申斯基说："好习惯是人在神经系统中存放的资本，这个资本会不断增长，一个人毕生都可以享用到它的利息。”

美国著名成功学大师拿破仑·希尔说：“播下一个行为，收获一种习惯；播下一个习惯，收获一种性格；播下一种性格，收获一种命运。”

本书共分“做人的好习惯”、“品德和生活的好习惯”、“学习的好习惯”、“交往的好习惯”、“心理上的好习惯”、“做事的好习惯”六个方面，以通俗流畅的语言和生动的案例，分析和说明好习惯对一个人一生所产生的积极作用。希望本书能为广大青少年读者培养良好的习惯、塑造成功的人生有所帮助。

目 录
Contents

培养做人的好习惯

培养品德与生活上的好习惯

培养学习上的好习惯

培养心理上的好习惯

培养交往上的好习惯

培养做事上的好习惯

培养做人的好习惯

学会做人，这是我们每个人都要面对的问题。不管一个人有多少知识，有多少财富，如果不懂得做人的道理，这个人最终不会获得真正的成功和幸福。从青少年时期就养成良好的习惯，是奠定自己未来成功的基础。

经常关爱别人

很多青少年在家长的百般宠爱下，觉得自己生下来就是“小皇帝”、“小公主”，高别人一等，别人都应该关心自己，却不知道向身边的人表达自己的关爱。

美国心理学家马斯洛说：“爱自己的邻人并不是一种超越人的现象，而是人所固有和自然散发而出的某种东西。”在互帮互助中，在爱的奉献中，生命才能充满无限的力量。谁在爱，谁就在活着。

在我们生活中，我们都喜欢别人关心的那种感觉，而更喜欢被关心的感觉。我们都希望得到别人的支持和理解，而且很多时候，我们帮助别人也等于帮助自己。古语有云：“己欲利，先利人；己欲达，先达人。”我们都处于一个大集体中，每个人都不可能孤立地存在着，有时候，我们也需要别人的帮助，而在这个时候站出来帮我们的往往就是那些我们曾经帮过的人。

那么帮助别人是否就是要干一番轰轰烈烈的好事来呢？其实不然。有很多事情我们是可以做的。譬如，看到地面脏了，我们可以去打扫一下。

某某同学不舒服了，我们可以去看看有什么需要帮忙的。别人正在学习，我们可以保持安静。上楼梯时，让赶时间的同学先走。这些都是一些小事，而我们完全可以做到，何乐而不为呢？

作为父母，应该让青少年知道，每一个人都是平等的，要获得别人的关心帮助，首先要学会关爱他人。有这样一句话：“投之以桃，报之以李。”一个懂得关照他人的人，才能得到更多的人关照，才能获得更多的机会，也才能取得更大的成功。

在马戏团当中，最受小朋友欢迎的动物明星就是那头多才多艺的大象。它会表演芭蕾舞、单脚站立，甚至还会装死，一动也不动。在表演全程结束时，甚至用鼻子卷着旗子，带着所有动物明星绕场谢幕。

可是，最近大象的性情有了非常大的变化，它会无端地扬起长鼻子怒吼，有三次差点踏死喂它食物的工人；甚至还将观众喂它的大把花生用鼻子猛力地喷向人群。

经有关单位的商议，最后决定将大象处死，以免造成更大的危害。命令下达之后，枪手来到了马戏团。

这时候，一个瘦小的男子走向枪手，出示了一张当地法院的文件，上面声明他的性命由自己负责，与任何人无关。那个瘦小的男人要求进入疯狂大象的兽栏内，与大象独处。

马戏团主见此情景，马上让瘦小的男子进去。大象一见到他，马上怒吼着冲上前来，众人却见那名瘦小男子用大家听不懂的一种方言向疯狂的大象不断地重复着几句话。

神奇的事情发生了，在那名瘦小的男子持续的喃喃自语当中，大象慢慢地驯服下来，终于伸出长长的鼻子，牵着瘦小男子的手，一起沿着兽栏绕圈子，不停地向观众致意。

最后那名瘦小男子走出兽栏，驱走准备射杀大象的枪手，马戏团主疑惑地询问他是怎样让大象安静下来的。

那名瘦小男子淡淡地说：“它只是患了思乡病，我用印度话和它聊聊，告诉它大家都很爱它，自然就可以平复它的情绪了！”

马戏团主低头沉思，不经意看到了那份文件上的签名，竟是赫赫有名的吉百龄。

吉百龄是1907年诺贝尔文学奖得主，他是英国人，却生于印度，熟悉印度的一切人文与哲学，所以他了解大象的思乡之苦。

许多误解的产生正是出于彼此双方的沟通不够，而事实上，如果我们能够真正用心，像吉百龄一样，甚至对疯狂的大象都能细心地体会它的痛苦及需求，适时给予充满爱意的关怀，又会有什么解决不了的冲突呢？

一个漆黑的夜晚，一个远行寻佛的苦行僧走到了一个荒僻的村落中，漆黑的街道上，络绎的村民们在默默地你来我往。

苦行僧转过一条巷道，看见有一团晕黄的灯从巷道的深处静静地亮过来。身旁的一位村民说："孙瞎子过来了。"瞎子？苦行僧愣了，他问身旁的一位村民："那挑着灯笼的真是一位盲人吗？"

"他真的是一位盲人。"那人肯定地告诉他。

苦行僧百思不得其解。一个双目失明的盲人，他没有白天和黑夜的一丝概念，他看不到高山流水，他看不到柳绿桃红的世界万物，他甚至不知道灯光是什么样子的，他挑一盏灯笼岂不令人迷惘和可笑？

那灯笼渐渐近了，晕黄的灯光渐渐从深巷移游到了僧人的鞋上。百思不得其解的僧人问："敢问施主真的是一位盲者吗？"那挑灯笼的盲人告诉他："是的，从踏进这个世界，我就一直双眼混沌。"

僧人问："既然您什么也看不见，那你为何挑一盏灯笼呢？"盲者说："现在是黑夜吗？我听说在黑夜里没有灯光的映照，那么满世界的人都和我一样是盲人，所以我就点燃了一盏灯笼。"

僧人若有所悟地说："原来您是为别人照明。"但那盲人却说："不，我是为自己！""为你自己？"僧人又愣了。

盲者缓缓向僧人说："你是否因为夜色漆黑而被其他行人碰撞过？"僧人说："是的，就在刚才还被两个人不留心碰撞过。"盲人听了，深沉地说："但我就没有。虽说我是盲人，我什么也看不见，但我挑了这盏灯笼，既为别人照亮了路，也更让别人看到了我自己，这样，他们就不会因为看不见而碰撞我了。"

苦行僧听了，顿有所悟。他仰天长叹说："我天涯海角奔波着找佛，没有想到佛就在我的身边哦，原来佛性就像一盏灯，只要我点燃了它，即使我看不见佛，但佛却会看到我的。"

习惯物语

只要心目中时时刻刻地想到别人，大家互助互爱，我们的生活就会变得更加美好，我们这个大家庭就会更加融洽。别忘了，帮助别人是快乐的源泉，我们要做个快乐的人。

做事独立自主

人活在这个世上，不能不独立，而这一切又都只能靠你自己，因为你自身就是你自己的生存环境之一。你才是你自己的主人。

鲁迅先生的故事不知被多少人传诵：鲁迅在别的孩子疯玩的年龄，由于家道的败落和父亲的病情，便过早地承担起了家庭的重担，他不仅要学习，还要每天往返于药店与当铺之间，去为生活而奔波。可即便如此，他还是没有像别的孩子一样偷偷跑去玩，而是自强不息地奋斗。一次，由于上学迟到，老师对他加以批评，鲁迅从此在自己的书桌上刻上了一个“早”字，这不仅仅是对自己的提醒，更是一个人人生观的体现：自立、自强。

独立的境界是美妙的，独立的习惯却是需要我们自己去学习和培养的。独立地面对社会、面对自然、面对你自己、面对生活。

在小时候培养独立能力，这样的锻炼机会是很有必要的。也许正因为有这样的理论做基础，在美国许多好的学校都有表演课，社区中也设立各类表演课程，供学生课余参加。有很多父母送儿女去美国一家夏令营，这只是一家很普通的夏令营，但它的活动内容十分有趣，其中一项令许多小孩感兴趣的就是表演课。通过一些简单的表演技巧，训练孩子对自我表现的兴趣和信心，表演者在不严格的舞台规范中尽情抒发自己的感受，在人物中加入想象和创造，既有娱乐，又为孩子们创造了课堂上所不能获得的学习机会。

一个人在工作和生活中能够坚持自己的信仰，排斥邪恶，保持自我真性情，玉洁冰清，不沾世俗小气地独立，更值得我们学习。做人要独立，只有如此，才能思想自由，不断探索，才能使从事学术的工作者解放思想，善于怀疑，富有创造性，且能埋头钻研，上下求索，以追求真理为宗旨，才能促进学术的发展与进步，才能在将来成就一番事业。

养成独立生活的习惯，这种习惯会在成功的路上助你一臂之力。学会独立生活，拥有了独立的品格，你就拥有了成功者必备的一个条件。

一群蛤蟆在进行比赛，看谁最先到达一座高塔的顶端。周围有一大群围观的蛤蟆在看热闹。

比赛开始了，围观者都不信它们中有谁能到达那座塔的顶端，只听到一片嘘声：“太难为它们了！这些蛤蟆根本无法达到目的。”蛤蟆们开始泄气了，可是仍有几只蛤蟆在摸索着奋力向上爬去。

围观的蛤蟆继续喊着：“太艰苦了！你们不可能到达塔顶的！”其他的蛤蟆都被说服停了下来，只有一只蛤蟆一如既往继续向前爬，并且更加努力地向前爬。

比赛结束，其他蛤蟆都半途而废，只有那只蛤蟆以令人不解的毅力一直坚持了下来，竭尽全力达到了终点。

其他的蛤蟆都很好奇，想知道为什么它就能够做到不管不顾地一直向前爬，为什么能坚持到达终点，就围上去询问它。这时，大家才发现——它是一只聋蛤蟆！

你是要成功还是要听别人的话？如果有人说你无法实现你的梦想时，你最好做一个“聋子”。自己决定自己的命运。

这是很多人最容易养成的一种可怕习惯——遇到任何事情，虽然早已经制订过详细的计划，做过周密的考虑，但仍然畏首畏尾、犹豫不决，不敢立刻动手去做，拿到各处去征求意见，直到最后各种说法越积越多，毫无头绪，不知怎样做才好。最后，精力渐渐分散，导致完全失败。

谢军是享誉世界的国际象棋大师，获得过多项世界冠军。她的成就令多少人羡慕，然而你知道吗？她之所以有今天，与父母给她独立自主的机会有着密不可分的联系。1982 年，谢军 12 岁，小学快毕业时，是升重点中学还是学棋，两条路任她选择。谢军和她的一家人，似乎都处在十字路口上，需要决定前进的方向。谢军在小学六年中，7 个学期被评为三好生。学校当然要保送她上重点中学。这样品学兼优的孩子谁见谁要。国际象棋的黑白格同样牵引着谢军和她的一家人，真是举棋不定。她是走妈妈的路，将来进高等学府，还是当运动员呢？谁也拿不定主意。还是妈妈做主，她叫来了女儿，用商量的语气说：“谢军，抬起头来，看着妈妈的眼睛。你很喜欢下棋，是不是？”这是母亲对女儿选择道路的提问，从某种意义上讲，也是对女儿将来命运的提问。家庭是民主的，对孩子采取了审慎的商量的办法，充分尊重女儿的意见和选择。谢军目光坚毅、严肃地看着妈妈的眼睛，坚定地说出7个字：“我还是喜欢学棋。”母亲得到女儿的回音后，同意谢军的选择，同时又极其严肃地对女儿说：“好，记住，下棋这条路是你自己选择的，既然你做出了这个重要的选择，今后你就应该负起一个棋手应有的责任。”一个12岁的女孩能懂得和理解这段话吗？也许思维发达和超前的谢军听懂了妈妈的话，了解了父母的良苦用心。

习惯物语

应该相信，母亲和女儿的这段对话，谢军会受益一辈子的。假如当初没有这段话，或者是父母包办决定女儿的前程，都不会有今天的谢军，中国也没有今天的国际象棋“女皇”。

心态积极乐观

“思维心理学”专家史力民博士指出：“乐观是成功的一大要诀。”他还说：“失败者通常有一个悲观的‘解释事物的方式’，即遇到挫折时，总会在心里对自己说：‘生命就这么无奈，努力也是徒然。’由于常常运用这种悲观的方式解释事物，无意识中就丧失斗志，不思进取了。”

美国著名心理学家赛利格曼认为，悲观的人对失败的解释与乐观的人有所不同，悲观的解释形态有三个特点：第一，时间维度上，悲观的人把失败解释成永久性的，如果一次考试失败了，他们倾向于在时间上认为今后所有的考试都会失败，自己不是一个学习材料，无论如何都注定考砸；

而乐观的人则倾向于认为这次考试失利是暂时的，下次就会考好了。第二，从空间维度上，悲观的人把失败解释成普遍的，如果这个学期的英语考试失败了，他们倾向于认为语文、数学和物理都会考不好，认为自己会在所有考试中都失常，自己根本就不是学习的材料：而乐观的人则不将失败普遍化，认为英语没考好说明自己在英语方面需要进一步努力，与数学和物理好坏无关。第三，悲观的人倾向于将失败解释为个人原因，认为只有自己对失败完全负责。别人都能把事情办得很好，都能正常地发挥，只有自己水平不够，能力不够，方法不懂。自己是一个糟糕倒霉的人，不配做成功的事情；而乐观的人则认为失败虽然有个人原因，但不只是个人的原因，有时一些无法抗拒的力量和运气也影响着成败。这三种解释形态是相对固定的，是长期生活影响的结果，是早期教育的结果。它放大了危险，妨碍一个人的正常决策，会使人陷入严重的忧郁症。

乐观是青少年对未来充满信心和有希望而又不断进取的个性特征。青少年对那些能够满足自己需要的事物或对象会产生一种积极的情绪体验，而对无法满足自己需要的事物则会产生消极的情绪体验。乐观的性格是青少年应对人生中悲伤、不幸、失败、痛苦等不良事件的有力武器。如果青少年无法乐观地面对人生，就会意志消沉，对前途丧失信心，而且长此以往，还会损害身体健康。

早期诱发理论认为，人的性格是在后天的环境中逐步形成的，乐观的性格可以通过实践逐步培养，悲观的性格也可以在实践中逐步改变。

用“你有困难吗？我来帮助你”去对待别人，你会得到更多的朋友。当你留心发现并了解了别人的困难，你便获得了一种生命的智慧；当你用你力所能及的力量帮助了别人，你会感到一种从未有过的快乐，你会体验到人生的价值。你也许付出了时间、智慧，但却收获更可贵的友谊。

用积极乐观的心态看问题，就会发现周围的老师同学没有变，学校的环境没有变，家里的成员没有变，但由于你的心态发生了变化，你看身边的一切时，心情都会变得快乐起来，开朗起来……

乐观者在每次危难中都看到了机会，而悲观的人在每个机会中都看到了危难。父亲欲对一对孪生兄弟作“性格改造”，因为其中一个过分乐观，而另一个则过分悲观。一天，他买了许多色彩鲜艳的新玩具给悲观孩子，又把乐观孩子送进了一间堆满马粪的车房里。

第二天清晨，父亲看到悲观孩子正泣不成声，便问："为什么不玩那些玩具呢？"

"玩了就会坏的。"孩子仍在哭泣。

父亲叹了口气。走进车房，父亲却发现那乐观孩子正兴高采烈地在马粪里掏着什么。

"告诉你，爸爸。"那孩子得意洋洋地向父亲宣称，"我想马粪堆里一定还藏着一匹小马呢！"

乐观者与悲观者之间，其差别是很有趣的：乐观者看到的是油炸圈饼，悲观者看到的是一个窟窿。

阻碍我们去发现、去创造的，仅仅是我们心理上的障碍和思想中的顽石。

从前有一户人家的菜园摆着一块大石头，宽度大约有 40 厘米，高度有 10 厘米。到菜园的人一不小心就会踢到那一块大石头，不是跌倒就是擦伤。

儿子问："爸爸，为什么不把那块讨厌的石头挖走呢？"

爸爸回答："那块石头从你爷爷时代一直放到了现在，它的体积那么大，不知道要挖到什么时候，没事无聊挖石头，不如走路小心一点儿，还可以训练你的反应能力。"

过了几年，这块大石头又放到了下一代，当时的儿子娶了媳妇，当了爸爸。

有一天媳妇气愤地说："爸爸，菜园那块大石头，我越看越不顺眼，改天请人搬走好了。"

爸爸回答说："算了吧！那块大石头很重，可以搬走的话，我爸爸，或是我爸爸的爸爸，在我小时候就搬走了，哪会让它留到现在啊！"

媳妇心里非常不是滋味儿，那块大石头不知道让她跌倒多少次了。

有一天早上，媳妇带着锄头和一桶水，将整桶水倒在大石头的四周。

十几分钟以后，媳妇用锄头把大石头四周的泥土搅松。

媳妇早有心理准备，可能要挖一天吧，谁都没想到几分钟就把石头挖出来了。看看大小，并没有想象得那么大，都是被那个巨大的外表蒙骗了。

习惯物语

你抱着下坡的想法爬山，便无从爬上山去。如果你的世界沉闷而无望，那是因为你自己沉闷无望。改变你的世界，必先改变你自己的心态。

保持自信的笑容

自信是什么？自信就是相信自己一定能做成自己想做的事，换句话说，遇到困难从来不打退堂鼓。

当然自己相信自己必须是从无数的尝试和一再地坚持中形成的，表里如一的努力就会使人在这种转变中获得成功。

同样的，一个人要想获得成功，脱颖而出，成为生活和工作中的优胜者，就应该首先在心目中确立自己是个优胜者的意识。同时，他还必须时时刻刻像一个成功者那样思考、那样行动，并培养身居高位者的广阔胸襟，这样，总有一天会心想事成，梦想成真的。

有一位大作家曾非常肯定地说："人人都是天才。"因为每个人都在某一些方面与众不同，或优胜于他人。大自然赐给我们每个人以巨大的潜能，等待我们去发现，去开发！你要相信，没有什么人是没有天赋的，那些认为自己没有天赋的人只是一些尚未开发出自己潜力的人。

任何一个平凡的人都可以成就一番惊天动地的伟业，关键是要学会开发自己生命的潜能。

潘虹就很了不起！她虽然只是聋哑学校里一个普普通通的学生，却登上了国际儿童电影节的领奖台，荣获了最佳演员奖！

潘虹——这位聋哑少年获得了巨大的成功，她生命的潜能得到了很好的发挥。她为什么能够获得成功呢？她讲了自己的两件"宝"。

第一，始终相信"我能行"。潘虹说："我虽然生活在无声世界里，却坚信'我能行'！正常女孩能学会跳舞，我也行！"是自信心将潘虹身体潜藏的能力调动了起来，将身体、大脑各部分的功能都推到了最佳状态。听不到音乐，她看老师的手势来体会音乐，用脚尖感觉老师用力敲击大鼓从地板传来的振动来追随舞蹈的节奏。潘虹用内心对生命的热爱理解了舞蹈，也理解了人生。

第二，跌倒了再爬起来。学舞蹈，当电影演员，对一个哑女来说，各种困难就像“阳光下的影子”一直伴随着潘虹。潘虹知道，“天底下没有一条笔直的路”，她相信“拥有自信和坚强，一切困难都会迎刃而解”。

潘虹的故事告诉我们，事在人为，你说“我能行”，你就能行！即使一时没有达到目标，也不必气馁，至少你已从实际努力中增长了见识和才干。发挥你自己的潜能，就意味着你要用新的眼光看待自己，别为一时的失败和挫折而灰心。相信自己能行！

不相信自己的意志，永远也做不成将军。

春秋战国时代，一位父亲和他的儿子出征打战。父亲已做了将军，儿子还只是马前卒。又一阵号角吹响，战鼓雷鸣了，父亲庄严地托起一个箭囊，其中插着一支箭。父亲郑重对儿子说：“这是家袭宝箭，佩带身边，力量无穷，但千万不可抽出来。”

那是一个极其精美的箭囊，厚牛皮打制，镶着幽幽泛光的铜边儿，再看露出的箭尾，一眼便能认定是用上等的孔雀羽毛制作的。儿子喜上眉梢，贪婪地推想箭杆、箭头的模样，耳旁仿佛“嗖嗖”的箭声掠过，敌方的主帅应声落马而毙。

果然，佩带宝箭的儿子英勇非凡，所向披靡。当鸣金收兵的号角吹响时，儿子再也禁不住得胜的豪气，完全背弃了父亲的叮嘱，强烈的欲望驱赶着他“呼”的一声拔出宝箭，试图看个究竟。骤然间他惊呆了。

一支断箭，箭囊里装着一支折断的箭。

我一直挎着支断箭打仗啊！儿子吓出了一身冷汗，仿佛顷刻间失去支柱的房子，轰然意志坍塌了。

结果不言自明，儿子惨死于乱军之中。

拂开蒙蒙的硝烟，父亲捡起那柄断箭，沉重地叹了一口气道：“不相信自己的意志，永远也做不成将军。”

把胜败寄托在一支宝箭上，多么愚蠢，而当一个人把生命的核心与把柄交给别人，又多么危险！

自己才是一支箭，若要它坚韧，若要它锋利，若要它百步穿杨，百发百中，磨砺它，拯救它的都只能是自己。

舟舟原名胡一舟，今年22岁，是武汉的一个弱智青年。我看过香港凤凰卫视吴小莉对他的专访。他那张脸是中国民间典型的傻脸，如果测他的智商的话，我估计也就三四十左右。在电视上，吴小莉让他玩扑克牌，他数到四就困难了。据介绍，他的智商只相当于3岁小孩的水平。他不识字，也找不到回家的路，不会做十以内的加减法，弄不懂纸币的面值，分不清球的方圆，一说起话来，舌头就打架，非常困难。

但说也奇怪，就这么个重度弱智的孩子舟舟，每当音乐响起，他会变成另一个人。因此，他现在居然可以神采飞扬地指挥大型交响乐团。他随中国残疾人艺术团去美国演出，就这么张重度弱智的脸，还居然能指挥全世界最优秀的交响乐团，成为整个演出最精彩的部分。据报道，当以他指挥的大型交响乐为压台戏的整场演出结束时，音乐会的帷幕三次降下又三次开启，几千名观众全场起立，掌声持续竟有10分钟之久，使舟舟成了美国的明星。

那么，是什么使一个重度弱智的孩子能产生如此惊人的奇迹呢？

据介绍，舟舟的父亲是武汉交响乐团的演奏员。舟舟出世不到一个月，便被发现是弱智。在3岁时，由于种种原因，他父亲只能每天带他到乐团。在乐团中，他受到音乐的熏陶，但更重要的，可能这音乐与他天赋中的音乐细胞发生了相互激荡。人们发现，这个傻小子会随着音乐的起伏，全身手舞足蹈地兴奋起来。到他6岁那一年，一次乐团正在排练《卡门》，舟舟像平时一样在边上观看。他一边看，一边拿着手里的铅笔，在边上情不自禁地指挥起来。乐团首席提琴手刁岩出于好奇，让他拿指挥棒来试试。没想到这一试，真还很像那么回事。就这样，舟舟身上这种指挥的天赋幼芽被发现了。后来，经过舟舟的父亲，特别是那位首席提琴手刁岩的辛勤开发，终于使中国和世界产生了值得亿万人惊叹和思考的“舟舟现象”。

“舟舟现象”最值得我们思考的是什么呢？我认为是我们所讲的积极的选择。

因为按照常规、常理，舟舟就是个傻孩子。傻孩子不受社会歧视就不错了，还会有什么用呢？

但用积极的眼光看，每个人都潜藏着某种优势。他有些方面不行，很多方面低能，但有些方面是他所擅长的地方。因此我们看人，包括看自己，千万不要老注意弱势的一面、缺点的一面，而应该更多地去看优势的一面，把重点放在开发和培植自己优势的一面上。从整个世界来说，我们每个人在这个世界上都会有相应一个位置，这个位置主要由什么决定的呢？主要是由他的优势决定的。政治家发挥他们政治素养，企业家发挥他们经营所能，音乐家发挥他们音乐天赋，运动员发挥他们体育特长，科学家发挥他们科学天分。每人都有长处，每人发挥自己的长处，组成的世界就是五彩缤纷、绚丽多姿的。这很像一支大型交响乐团，如果你仔细听，每种乐器都在发出不同的声音，都在发出自己独特的、带有极强个性色彩的声音，都在尽力使自己这独特的声音发挥得更好、更完美。但一经天才指挥神奇组合，这世界会变得如此奇妙，如此和谐，如此令人遐想无穷，如此使人心潮澎湃。

习惯物语

用积极的选择，我们每一个人都应有一种强烈的信念——天生我材必有用！

说话诚实可信

人们常讲，诚信是金。在成功者的眼中，诚信的性格就是一块闪闪发亮的金字招牌！

没有人会否认别人的信任对自己的重要。社会是公众的社会，人是社会中的一员，人的根本属性就是社会性。处在社会中的人，别人对自己的信任度高低，往往会决定我们一生的命运。

相信人人都知道“狼来了”的故事。不管它是否真实存在，但它说明了信任是多么的重要。现实中常有人对损害别人的信任不以为然，结果是可想而知的。

守信是一种良好的习惯。它不分场合，也不分对象。

信是立人之本。没有“信”，也就不会有人信你，你的话和你的存在就毫无意义可言。

做人要信守诺言，“守信”是你一生不可或缺的好习惯。人们从来也未能找到令人满意的词来代替它，“守信”比其他品质更能深刻地表达人的内心，它是成功常量中最坚实的一关。

“人不可能都成为英雄，但人人都要有英雄气概。”

你想当英雄吗？那么就从诚实守信、知错就改开始吧！

说到守信，我们会记起古代大哲学家老子的一句话：“轻诺必寡信”。意思是说，轻易答应别人一件事，就一定没有足够的信用。没有信用的人，不会有朋友，也不会有事业上的成功。

《伊索寓言》中有这样一则故事：约在公元前250年，有位埃及王子即将登基，不过根据律法，登基前必须先结婚。

未来的王后要母仪天下，因此，必须要能让王子充分信任才行，所以王子听从智者的建议，召见当地所有年轻女子，打算从中挑选最合适的人选。一位在宫廷服务多年的女婢听到消息，感到非常难过，因为她的女儿偷偷地对王子起了好感。她回家后告诉女儿，知道女儿想去一试，心里非常恐惧。“女儿啊，你去了又有什么用？全城最有钱、最漂亮的小姐全部都会去的。我知道你一定很痛苦，不过还是理智一点好。”

女儿回答：“妈，我神智很清楚，我知道不会有幸中选，不过趁这个机会，至少能接近王子一下，这样我就心满意足了。”

当天晚上，女儿抵达皇宫时，现场的确佳丽云集，华服与珠宝令人目不暇接，她们都准备好要把握良机。王子宣布要进行一场竞赛，发给每人一颗种子，6个月后，能种出最美丽花朵的人就能成为未来的王妃。

女儿把王子给她的种子种在花盆里。由于她对园艺并不在行，所以费了很多心思准备泥土。她相信，如果花朵能长得和她的爱一样大，就不用担心结果如何。

然而3个月之后，花盆里连棵芽都没有长出来。她百般尝试，也请教过花匠，学过各种各样的种植方法，却是一无所获。尽管她对王子的爱依然真挚，但觉得美梦离她越来越远。

6个月过去了，她的花盆里什么也没有长出来。尽管如此，她还是告诉母亲，她要依约回到皇宫。她心里知道，这是最后一次和心爱的人见面了，再怎么样也不能错过这个机会。

待到众佳丽回来晋见王子的那天，女孩端着什么植物也没有的花盆进入皇宫。她看到其他人的花都长得枝繁叶茂、争奇斗艳，花形和颜色都有天南地北之别。

最后一刻终于到了。王子进入宫殿，仔细看了大家培育出来的花朵。看完之后，他有了中意的人选，宣布将迎娶这位婢女的女儿为妻。

其他的小姐愤愤不平，表示他选中的人根本什么都没有培植出来，怎么可以做王妃？

王子心平气和地解释这次比赛的结果："这位小姐种出了唯一得以母仪天下的花朵，那就是诚实的花朵。我发下去的种子全部都是煮过的，再怎么种也种不出花朵来。"

诚实是信誉的根基。不养成"诚实"的习惯，你无法成为一个讲信誉的人。播种一颗诚实的种子，你也许会收获一个园子的成功果实。

银行的主要业务之一是放款，把钱借给诚信的人，赚取利息，借出愈多，获利愈大。

达拉斯的查理·赛门斯是百万富翁。起初他身无分文，直到外出工作，才有了一些积蓄。每个周末查理会定期到银行存款，其中一位柜员注意到他，觉得这个小伙子天生聪慧，了解金钱的价值。

查理决定创业，从事棉花的买卖，那位柜员让他贷款。这是查理·赛门斯第一次运用别人的钱。一年半以后，他改为买卖马和骡子，几年过后，他积累了许多经验。

有一次，两个保险公司的业务员来找他。两个人都是优秀的保险业务员，业绩非常好；他们用推销保险的收入自己开公司，却经营不善，只好把公司转卖给别人。

很多销售人员以为只要业绩好，企业就能获利，这是错误的观念。不当的管理会将利润损失殆尽。他们的问题正是如此，两个人都不懂管理。

他们去找查理，说出自己失败的经验："我们的公司没有了，推销保险至今所赚取的佣金都缴了学费。如今连养家糊口都有困难。”

“我们对推销工作非常在行，应该尽量发挥所长。你具有专业的知识和经验，我们需要你，大家共同合作，一定会成功。”

几年之后，查理·赛门斯买下他和那两位推销员共同创立的公司的全部股份。他怎么有那么多的钱？用别人的钱加上自己的积蓄。当然是向银行借钱，因为他很早就知道银行是他的朋友。

查理向达拉斯银行贷款。银行非常乐于把钱借给像查理·赛门斯一样诚信，并且有可行性计划的人。查理的贷款额度不受限制，他的寿险公司原来的资本只有40万元，通过基本客户群制度，在短短10年之内，获利4000万元。其后，他又动用别人的钱投资旅馆、办公大楼、制造厂和其他企业。

借款人自愿把钱借给一个值得信任、懂得感恩的人，这是良性的互助。辜负别人对自己的信任，就是不诚信。不诚信的人借钱或购买商品，却不愿意偿还全额贷款；诚实的人也可能因为一时疏忽，无法偿还贷款，而成为不诚信的人。

态度积极的人有勇气面对事实。没有能力还钱时，有勇气告诉债权人，想出使双方满意的处理方式。此外，他们会做适度的牺牲，直到债务全数还清为止。

诚信且具备常识的人不会滥用信用。诚信但缺乏常识的人可能胡乱借钱，想不出还钱的办法时，受到消极的态度所影响，就可能违背诚信。他们可能放任不管，因为欠债往往不会被关进监狱；他们认为自己可以逃避惩罚，却无法逃避担忧、恐惧和挫折感，因为束手无策而背信，还可能会造成恶性循环。

查理的成功说明：只要有诚信，才能用别人的钱由贫穷变为富有。

习惯物语

如何做到信守承诺呢？那就是：答应别人的事情之前，一定要慎重，认真地想一想自己能够做到的再答应；一旦答应了的事，就要千方百计地去做好，这样你才能不失信于人，你才值得别人信任。

遇事自我克制

生活中，人们会碰到许多诱惑，它们总是展示迷人的一面，引诱我们渐渐远离自己的理想与目标。每个人都会面对种种诱惑，学生做作业时，会受到游戏的诱惑；小孩子即使生了蛀牙，也会受到糖果的诱惑。面对诱惑，自制力弱的人往往不知不觉陷入其中；自制力强的人却能控制自己做出有利于自己和符合道德规范的行动。

自制就是要控制住自己的各种欲望。欲速则不达，故必须控制自己，否则，力竭精衰，事不能成，耗费枉然。

古语说得好："历阅前贤家与国，成由勤俭败由奢。"对人也是这样，要取得成功，务必要戒奢克俭。

自制不仅仅是在物质上克制欲望，对于一个想要取得成功的人来说，精神上的自制也是重要的。衣食住行毕竟是身外之物，不少人都能克制，但精神上的、意志力上的自制却非人人都能做到。

如果想锻炼这种能力，就应该从身边的小事做起，练就这种本领。

一个成功的人，其自制力表现在：大家都做但情理上不能做的事，他自制而不去做；大家都不做但情理上应做的事，他强制自己去做，正如"众人皆醉我独醒"一般。做与不做，克制与强制，超乎常人性情之外，就是取得成功的因素。

有一次，小江和办公大楼的管理员发生了一场误会，这场误会导致了他们两人之间的彼此憎恨，甚至演变成激烈的敌对态势。那位管理员为了表示他对小江的不悦，在一次整栋大楼只剩小江一个人时，他把整栋大楼的电灯全部关掉了。连续发生了几次同样的事情后，小江终于忍不住要还击了。

周末下午，机会来了。小江刚在桌前坐下，电灯灭了。小江跳了起来，奔到楼下锅炉房。管理员正若无其事地边吹口哨边往炉里添煤。小江一见到他就不由得破口大骂，直到把所有能想到的骂人的话全骂完了这才停下来。这时候，管理员站直身体，转过头来，脸上露出开朗的微笑，他以一种充满镇静与自制力和柔和的声调说道："呀，你今天晚上有点儿激动吧？"

你完全可以想象小江是一种什么感觉，面前的这个人是一位文盲，有这样那样缺点，况且这场战斗的场合以及武器都是小江挑选的。小江非常沮丧，甚至恨那位管理员，而且恨得咬牙切齿，但是没用。回到办公室后，他好好反省了一下，他感觉没有什么其他的办法了，他只能道歉。

小江又回到锅炉房。轮到那位管理员吃惊了："你有什么事？"

小江说："我来向你道歉，不管怎么说，我不该开口骂你。"

这话显然起了作用，那位管理员不好意思起来："不用向我道歉，刚才并没人听见你讲的话，况且我这么做只是泄泄私愤，对你这个人我并无恶感。"

这样一来，两人竟互生敬意，一连站着聊了一个多小时。

从那以后，两人居然成了好朋友。小江也从此下定决心，以后不管发生什么事，绝不再失去自制。因为一旦失去自制，另一个人——不管是一名目不识丁的管理员还是一名有教养的人——都能轻易将他打败。

从这里可以看出，人要想能控制住别人，首先要学会控制住自己；只有驾驭了自己，才能去征服世界。

一天中午，小华到隔壁好朋友小芳家玩。她们不知怎么就谈到了钥匙链。小芳说她家有个钥匙链，可漂亮啦，是她爸爸从日本带回来的。那个钥匙链是个小公鸡形状，一身红，还是立体的，只要一按它脚上的按钮，小公鸡的嘴就会自动张开，喔喔地叫两声。

小华非常羡慕小芳有这么好的钥匙链，她很想看看小芳说的小公鸡钥匙链到底是什么样子，可小芳从不许任何人动她的抽屉。碰巧小芳的妈妈要小芳上街买酱油。等小芳下楼后，好奇心使小华打开了抽屉，拿出了钥匙链。哇，好漂亮的钥匙链！小华想："自己要是有一个那该多好啊！"这样想着，就把钥匙链放进了自己的兜里。

小华之所以拿走了小芳的钥匙链，是由于她抵制不住诱惑而做了错事，这说明她的自制力很差。因此，从小培养自制力是很重要的。

习惯物语

自制不仅仅是一种良好的习惯，同时也是获得成功所必备的素质之一。

做事讲效率

伟大的革命家列宁是严格讲究准时的人。他组织召开的会议，不管到会有多少人，他总是要求准时开会。人民委员会遵照列宁的嘱咐，在会议桌上摆着一个带秒针的钟，迟到的委员都要被记录下名字，并且注明迟到几分钟。列宁严肃地警告一再迟到的人："再迟到就登报！"

守时是一种道德行为。你迟到了，就是浪费了别人的时间，说严重点，是浪费了别人的生命，是不道德的表现。

美国著名作家杰克·伦敦在家里的床头、墙壁、镜子上贴了许多小纸条，纸条上面写满各种各样的文字：有美妙的词汇，有生动的比喻，有五花八门的资料。总之，当他在家的时候，不管在哪里都可以随时看到这些纸条上面的文字。外出时，他也不轻易放过闲暇的每一分每一秒，把小纸条装在衣服口袋里，随时可以掏出来看一看、想一想。我们可以发现，合理利用时间是一个人成功的基本要素。

贝尔在研制电话时，另一个叫格雷的也在研究。两人同时取得突破，但贝尔在专利局申请专利时赢了——比格雷早了两个钟头。当然，他们两人当时是不知道对方的，但贝尔就因为这120分钟而一举成名，誉满天下，同时也获得了巨大的财富。

谁快谁赢得机会，谁快谁赢得财富。

时间是如此重要，我们就应该严格地遵守时间。严守时间是做人的美德，也是成功的保证。

在竞技场上，冠军与亚军的区别，有时小到肉眼无法判断。比如短跑，第一名与第二名有时相差仅0.1秒；又比如赛马，第一匹马与第二匹马相差仅半个马鼻子（几厘米）……但是，冠军与亚军所获得的荣誉与财富却相差天地之远。

无论相差只是0.1毫米还是0.1秒钟——毫厘之差，天渊之别！关键时刻一秒值万金。珍惜时间就是珍惜生命。

当你每天醒来，口袋里便装下了24小时的时间，这是属于你自己的最宝贵的财富。如何使用这份财富呢？那就给自己上一门“时间利用课”。

认真制定一个生活时间表，将每天起床、洗漱、锻炼、用餐、学习、劳动、游戏、看电视、看书、洗脚、睡觉的时间安排好，按时去做。如果你能对日常生活时间养成分秒必争的好习惯，你等于延长了自己的生命。有人做了统计，用“分”来计算时间的人比用“时”计算时间的人时间多59倍。

充分合理地利用时间，最大地实现生命的价值。

著名教育家马卡连柯十分重视对青少年进行时间教育。他说：“任何青少年从幼小的年纪起，就应当受严守时间的训练，清清楚楚地给他们划出行动的范畴。养成遵守时间的习惯，是一种对自己进行严格要求的习惯。在一定的时间起床，是对意志的最根本的训练，它可以改掉在被窝里幻想的习惯。吃饭的时候准时入座，是对母亲、对家庭和其他人的一种尊重，也是一种自尊的态度。在所有的事情上严守时间，那就等于维护了父母的威信，遵守了法律。”

小鹏每天下午5点30分放学，等公共汽车要花去10分钟左右的时间，乘车20分钟，回家需要步行10分钟。吃过晚饭，小鹏要把碗筷洗了，这得用去15分钟。按照老师的要求，他必须收看30分钟的电视新闻。

此外，按照学习计划的安排，他要在开始做当天的家庭作业之前花30分钟左右的时间把全天的学习内容浏览一遍。他有一个习惯，即做所有的事情都有条不紊，做完一件再做另一件。这样，他开始做作业的时候至少已经是8点了。

假如小鹏能够合理安排时间，那么情况就会有很大的改观。他每天从等公共汽车到下汽车至少要耽搁30分钟左右的时间，在这段时间里，他完全可以掏出书包里的课堂笔记把当天的学习内容从头到尾浏览一遍。看电视新闻和洗碗筷，这两件事情也完全可以同时进行，手里的活并不会对收看新闻造成太大的影响，因为大多数时候新闻只需要我们用耳朵去听。这样一来，小鹏就能够在7点30分左右开始做家庭作业。

习惯物语

由此可见，时间管理对提高办事的效率，尤其是提高学习效率，有着十分重要的意义。面对相同的时间，善于合理利用时间的人，会取得更多、更大的收获。

敢说敢干

勇气是一种滋补剂，它是世界上最好的精神药物——如果以一种充满希望、充满自信的精神进行学习、工作的话；如果期待着自己的伟业，并且相信能够成就这番伟业的话；如果能让自己尽早展现出自己的勇气，并带着勇气上路的话——任何事情都不能阻挡我们前进。在前行的道路上可能会遇到让我们灰心失望的失败，但那只是暂时性的，胜利最终会握在我们的手中。

“撑死胆大的，饿死胆小的”。很多同学都有远大的理想和抱负，却始终没有勇气去实现它，徒增遗憾而已。在现实生活中，许多事情都需要勇气作支撑。

一个人如果缺乏勇气，就失去了承担责任的基础，就只能生存于他人的庇护之下，无法面对人生的任何压力和挑战。

有一天，龙虾与寄居蟹在深海中相遇，寄居蟹看见龙虾正把自己的硬壳脱掉，只露出娇嫩的身躯。寄居蟹非常紧张地说：“龙虾，你怎么可以把唯一保护自己身躯的硬壳也放弃呢？难道你不怕有大鱼一口把你吃掉吗？以你现在的情况来看，连急流也会把你冲到岩石上去，到时你不死才怪呢！”

龙虾气定神闲地回答：“谢谢你的关心，但是你不了解，我们龙虾每次成长都必须先脱掉旧壳，才能生长出更坚固的外壳，现在面对的危险，只是为了将来发展得更好而做出准备。”

寄居蟹细心思量一下，自己整天只找可以避居的地方，而没有想过如何令自己成长得更强壮，每天只活在别人的护荫之下，难怪永远都限制自己的发展。

对于那些害怕危险的人，危险无处不在。每个人都有一定的安全区，你想跨越自己目前的成就，请不要划地自限，勇于接受挑战，充实自我，你一定会发展得比想象中更好。

道格拉斯·麦克阿瑟是美国历史上最年轻的将军、最年轻的西点军校校长和最年轻的陆军参谋长，美军少有的五星上将之一。他功成名就后，曾动情地谈及他的往事，说：“我有个幸福的家，有令我骄傲的父母亲，有回味无穷的童年。”

麦克阿瑟生在军营，长在军营，学在军营，志在军营。在军营中，由于父母通力教育培养，他创造了辉煌的军旅生涯。

麦克阿瑟的父亲生性勇敢、坚强，富有惊人的毅力。他也很希望儿子具有这种性格。在麦克阿瑟五六岁时，父亲就教他骑马和打枪，他的父亲还曾经用了整整两个晚上，亲手制作了一把精美的木剑，把它作为圣诞礼物送给了他。许多年后，麦克阿瑟还就此对人说：“它使我兴奋不已。挥舞着它，仿佛自己就已经成为一名骑士——勇往直前。”

然而，有一次却异乎寻常：麦克阿瑟挥舞着那把木剑随父亲出外打猎，突然从树林中蹿出了一只豹子，呼啸着朝他奔来。他顿时惊慌失措，拼命跑到父亲身后，紧紧地抱着父亲的身体。同时，木剑也掉在了地上。父亲鸣枪吓跑那野兽后，生气地对他说：“道格，要勇敢，要做个真正的男子汉！永远不要忘记，你是军人的儿子！”说罢，帮他捡起了木剑，重新交在他手中。

这件事对麦克阿瑟影响极大。从此，他一有机会便去锻炼自己的胆量。

一天傍晚，他和表弟在军营旁的火车站附近玩耍，正要过铁道时，一列火车突然停了下来。麦克阿瑟为显示自己的勇敢，竟带表弟钻到火车下边向对面爬去。几秒钟过后，火车便一声长鸣，轰隆轰隆地开动了。这情景正好被找他的母亲看在眼里，她当即吓得昏倒在地。

时隔不久，麦克阿瑟随父母去砍香蕉树，不慎被镰刀划破了脚。他忍住疼，没有告诉何人。两日后，伤口恶化，腐烂化脓。父母发现后，马上给他敷药治疗。当时，是先用盐水来清理伤口的，其滋味可想而知。但不满 8 岁的他却始终咬着牙，没叫一声疼。父亲又惊又喜，心想："也许，他真能成为一个勇敢的军人。"

在优越的家庭条件下，麦克阿瑟的母亲从不娇惯孩子。她一向教导孩子要勤劳，要独立，自己的事情自己做，从不纵容他们养成依赖、享受等不良习惯。她鼓励孩子们每天轮流做些力所能及的家务活，而不许以任何理由拒绝。

不勇敢的孩子就会胆小。造成孩子胆小怯懦性格的原因是多方面的，主要是环境与教育的影响。比如，父母过度限制孩子的活动，不准孩子单独外出，不让孩子多接触同龄伙伴，造成孩子不合群，缺乏一定的交往能力；父母过分娇宠孩子，事事包办替代，使孩子丧失锻炼的机会；或者父母过分严厉，孩子整日战战兢兢。

习惯物语

社会是一所大学，在社会实践中通过锻炼和闯荡，进而为今后的人生之路和处理纷繁复杂的人际关系积累了许多书本上难以学到的宝贵经验，最终成为杰出的人才。

做事勤奋劳力

在美国，家庭教育是以培养青少年富有开拓精神、能够成为一个自食其力的人为出发点的。父母从青少年小时候就让他们认识劳动的价值，让青少年自己动手修理、装配脚踏车，到外边参加劳动。即使是富家子弟，也要自谋生路。美国的中学生有句口号："要花钱，自己挣！"

在瑞士，父母从小就着力培养孩子自食其力的精神。譬如，十六七岁的姑娘，从初中一毕业就去一家有教养的人家当一年左右的女佣人，上午劳动，下午上学。这样做，一方面可以锻炼劳动能力，寻求独立谋生之道；

另一方面还有利于学习语言。因为瑞士有讲德语的地区，也有讲法语的地区，所以一个语言地区的姑娘通常到另外一个语言地区的人家当佣人。其中也有相当多的人还要到英国学习英语，办法同样是边当佣人边学习语言。掌握了三门语言后，就去办事处、银行或商店就职。长期依靠父母过寄生生活的人，被认为是没有出息或可耻的。

辛迪·克劳馥是美国名模，从小就热爱大自然。读小学时，她课余时间喜欢做的一件事是收集一种棕色蛾的茧。到了春天，克劳馥惊喜地看着小蛾从茧里面挣扎着出来，这些降临的小生命是那样的美丽动人。

有一次，小姑娘不忍心看着一只小蛾从茧里出来时那种因备受折磨而痛苦不堪的样子，用剪刀把连着它和茧的丝剪断了。她想自己的热心帮助使受到束缚的小蛾得到解脱，当然是助了它一臂之力。不料，小蛾没有过多久就死去了。

克劳馥心痛得大哭起来，根本没有意识到结果会是如此可怕。

母亲匆匆忙忙地走了过来。在弄清了事情的原委后，她轻轻地拍着女儿的肩膀说："亲爱的，小蛾从茧里面出来时必定是要拼搏奋斗，不可能舒舒服服。因为只有这样，它才能使身体里面的废物排除干净。如果让其留在体内，小蛾就会变得先天不足而活不成。"

克劳馥睁着大眼睛，认真地听着。后来随着阅历的增加，她慢慢地体会到，人也像小蛾一样，离开了努力奋斗，也会变得软弱无力，某些宝贵的东西便会消失得一干二净。克劳馥不敢懈怠，勤学苦练，终于成为世界超级名模。

从小养成自强不息的精神，对以后的成长是有百益而无一害的。

乔很爱音乐，尤其是喜欢小提琴，在国内学习了一段时间之后，觉得国内的知识自己已经学习得差不多了，再学习下去也不会有什么进步了。于是他把视线转到了国外，但是国外没一个认识的人，他到了那里要怎么生存呀？这些他当然也想过，但是为了自己的音乐之梦，他勇敢地踏出了国门。威尼斯是他的目的地，因为那里是音乐的故乡。这次出国的费用是家里辛辛苦苦地凑出来的，但是家里的情况他也知道，没有什么钱了，学费与生活费是如何也拿不出来了，所以他虽然来到了音乐之都，却只能站在大学的门外，因为他没有钱。他必须先到街头拉琴卖艺来赚够自己的学费与生活费。

很幸运，乔在一家大型的商场附近找到一位为人不错的琴手，他们一起在那里拉琴。由于地理位置比较优越，他们挣到了很多钱。

但是这些钱并没有让乔忘记自己的梦想。过了一段时日，乔赚够了自己的必要的生活费与学费，就和那个琴手道别了，他要学习，要进入大学进修，要在音乐学府里拜师学艺，要和琴技高超的同学们互相切磋，将来要登上国家音乐厅在那里献艺。乔将全部时间和精神都投注在提升音乐素养和琴艺之中……

10 年后，乔有一次路过那家大型的商场，巧得很，他的老朋友——那个当初和他一起拉琴的家伙仍在那儿拉琴，而他的表情一如往昔，脸上露着得意、满足与陶醉。

那个人也发现了乔，很高兴地停下拉琴的手，热情地说道："兄弟啊！好久没见啦！你现在在哪里拉琴？"

乔说出了一个很有名的音乐厅的名字，那个琴手疑惑地问道："那里也让流浪艺人拉琴吗？"

乔没有说什么，只淡淡地笑着点了点头。

其实，10 年后的乔，早已不是当年那个当街卖艺的乔了，他已经是一位世界知名的音乐家，他经常应邀在著名的音乐厅中登台献艺，早就实现了自己的梦想。

习惯物语

人只有经过努力奋斗，才能使自己变得坚强，面对挫折与磨难，告诉自己要勇往直前。

遇到挫折不气馁

坚持到底的人才会笑到最后，也是最成功的人。

"如果面前有一座山峰，我们就勇敢去攀登；如果遇到一场暴风雨，我们就是翱翔的雄鹰。跌倒了，爬起来，说一声‘我能行’，骨头变得更硬；失败了，不气馁，说一声‘我能行’，再去争取成功。我能行，有信心；我能行，更坚定；我能行，去开创新的人生。”

这首由著名儿童诗人金波作词、著名作曲家瞿希贤作曲的《我能行》的歌，唱出了当代勇敢少年的心声。

人生的路上，有平原小溪，更有高山大河；有灿烂阳光，更有风风雨雨，只有那些勇敢的人才能像暴风雨中的海燕，“得意洋洋地掠过海面，好像深灰色的闪电”。

著名科学家居里夫人说：“我的最高原则是：不论任何困难，都绝不屈服!”

良好的承受失败与战胜挫折的能力，受到挫折后的恢复能力和百折不挠、不向失败屈服的精神，是成功人士不可缺少的素质。

当你失败的时候，你要想：“太好了！我可以品尝一下跌倒了自己爬起来的滋味，我可以锻炼自己不怕失败，我肯定有机会再去体会成功的喜悦!”于是，你会振奋起来，奋起直追。至于人家怎么议论你，那是人家的事，你不必去管，笑笑就行了。

那天的风雪真狂暴，外面像是有无数发疯的怪兽在呼啸厮打。雪恶狠狠地寻找袭击的对象，风呜咽着四处搜索。

大家都在喊冷，读书的心思似乎已被冻住了，一屋的跺脚声。

鼻头红红的欧阳老师挤进教室时，等待了许久的风席卷而入，墙壁上的《中学生守则》一鼓一顿，开玩笑似的卷向空中，又一个跟头栽了下来。

往日很温和的欧阳老师一反常态：满脸的严肃庄重甚至冷酷，一如室外的天气。

乱哄哄的教室静了下来，我们惊异地望着欧阳老师。

“请同学们穿上胶鞋，我们到操场上去。”

几十双眼睛在问。

“因为我们要在操场上立正5分钟。”

即使欧阳老师下了“不上这堂课，永远别上我的课”的恐吓之词，还是有几个娇滴滴的女生和几个很横的男生没有出教室。

操场在学校的东北角，北边是空旷的菜园，再北是一口大水塘。

那天，操场、菜园和水塘被雪连成了一个整体。

矮了许多的篮球架被雪团打得“啪啪”作响，卷地而起的雪粒、雪团让人睁不开眼张不开口，脸上像有无数把细窄的刀在拉在划，厚实的衣服像铁块冰块，脚像是踩在带冰碴的水里。

我们挤在教室的屋檐下，不肯迈向操场半步。

欧阳老师没有说什么，面对我们站定，脱下羽绒衣，线衣脱到一半，风雪帮他完成了另一半。“到操场上去，站好！”欧阳老师脸色苍白，一字一顿地对我们说。

谁也没有吭声，我们老老实实地到操场排好了三列纵队。

瘦削的欧阳老师只穿一件白衬褂，衬褂紧裹着的他更显单薄。

后来，我们规规矩矩地在操场站了5分多钟。

同学们都以为自己敌不过那场风雪，事实上，叫他们站半个小时，他们也能顶得住，叫他们只穿一件衬衫，他们仍能顶得住。

正如生命中的许多伤痛一样，其实并不像自己想象的那么严重。如果不把它当回事，它是不会很痛的。你觉得痛，那是因为你自以为伤口在痛，害怕伤口痛。

一个障碍就是一个新的已知条件，只要愿意，任何一个障碍都会成为一个超越自我的契机。

有一天，素有“森林之王”之称的狮子来到了天神面前：“我很感谢你赐给我如此雄壮威武的体格、如此强大无比的力气，让我有足够的能力统治这整片森林。”

天神听了，微笑地问：“但是，这不是你今天来找我的目的吧？看起来你似乎为了某事而被困扰着！”

狮子轻轻吼了一声，说：“天神真是了解我啊！我今天来的确是有事相求。因为尽管我的能力再好，但是每天鸡鸣的时候，我总是会被鸡鸣声给吓醒。神啊！祈求您再赐给我一种力量，让我不再被鸡鸣声给吓醒吧！”

天神笑道：“你去找大象吧，它会给你一个满意的答复的。”

狮子兴冲冲地跑到湖边找大象，还没见到大象，就听到大象跺脚所发出的“砰砰”响声。

狮子加速地跑向大象，却看到大象正气呼呼地直跺脚。

狮子问大象："你干吗发这么大的脾气？"

大象拼命摇晃着大耳朵，吼着："有只讨厌的小蚊子，总想钻进我的耳朵里，害得我都快痒死了。"

狮子离开了大象，心里暗自想着："原来体型这么巨大的大象还会怕那么瘦小的蚊子，那我还有什么好抱怨的呢？毕竟鸡鸣也不过一天一次。而蚊子却是无时无刻地骚扰着大象。这样想来，我可比它幸运多了。"

狮子一边走，一边回头看着仍在跺脚的大象，心想："天神要我来看看大象的情况，应该就是想告诉我，谁都会遇上麻烦事，而它并无法帮助所有人。既然如此，那我只好靠自己了！反正以后只要鸡鸣时，我就当作鸡是在提醒我该起床了，如此一想，鸡鸣声对我还算是有益处呢！"

习惯物语

在人生的路上，无论我们走得多么顺利，但只要稍微遇上一些不顺的事，就会习惯性地抱怨老天亏待我们，进而祈求老天赐给我们更多的力量，帮助我们渡过难关。但实际上，老天是最公平的，就像它对狮子和大象一样。

总是原谅别人

宽容是一种美德，是互赠的礼品。

宽容是美好心灵的代表，也是最需要加强的美德之一。宽容是一种坚强，而不是软弱。宽容要以退为进、积极地防御。宽容所体现出来的退让是有目的、有计划的，主动权掌握在自己的手中，无奈和迫不得已不能算宽容，宽容的最高境界是对众生的怜悯。

宽容就是在别人和自己意见不一致时也不要勉强。

从心理学角度，任何的想法都有其来由。任何的动机都有一定的诱因。了解对方想法的根源，找到他们意见提出的基础，就能够设身处地地提出方案，也更能够契合对方的心理而得到接受。消除阻碍和对抗是提高效率的唯一方法。

任何人都有自己对人生的看法和体会，我们要尊重他们的知识和体验，积极吸取精华，扬弃糟粕。

小青小时候家里很穷。一天，有个客人到他家，饭桌上难得的诱人鱼香令他垂涎不已。小青当时才6岁，还不懂得掩饰自己，他吵着要吃鱼，母亲答应了，但是有个条件；等客人吃饱后方可上桌。

小青不听："等客人吃饱了，鱼不就被他吃光了？"母亲答道："知礼的客人绝对不会将鱼翻过面来吃，另外一面一定还是好好的。不信你去窗边看看……"

小青来到窗边，踮着脚尖往里看，眼睛盯着桌上的那条鱼。忽然间，客人用筷子把鱼翻了个身……小青失望地跑回厨房，扑进母亲怀里大哭起来。母亲也哭了，她不知如何安抚小青的心情。

几十年过去了，生活水平提高了，小青也成了一名经理。但在所有的应酬宴请中，每当有鱼上桌时，小青就会回忆起儿时那忧伤的一幕。每次，他总是不轻易把鱼翻面，因为他永远记住了母亲的那句话：知礼的客人是不会把一条鱼全吃光的。

人没有一点献身精神，无论如何也成不了大器，吃得苦中苦，方为人上人。俄国著名科学家罗蒙诺索夫留学德国期间，遇到了名望很高的物理化学教授沃尔夫。在学习上，他对罗蒙诺索夫严格要求；在生活上，他对罗蒙诺索夫多方照顾。罗蒙诺索夫因生活困难而借了他人的钱，欠下的债务就是沃尔夫解囊替他偿还的。但是，一件奇怪的、难以使人理解的事发生了。一天《德国科学》杂志突然登出一篇驳斥沃尔夫某个错误观点的文章，文章的署名就是"罗蒙诺索夫"。这究竟是怎么一回事？人们开始议论了。有的说，罗蒙诺索夫无情无义；有的说，罗蒙诺索夫是一个疯子。然而，更叫人诧异的是，支持罗蒙诺索发表这篇文章的正是沃尔夫本人。

不要埋怨自己，不要求回报什么，因为你不想过着肤浅的生活，那么你应懂得奉献……

米卡尔是美国加州有名的富翁，他有美丽的洋房和大片的花园，但米卡尔也有一个令自己头痛的难题：这么多的财富肯定有好多人在打自己的主意。怎么办呢？于是米卡尔让仆人在房子四周筑起高高的围墙。

春天一到，花园里鲜花怒放，浓香飘过围墙，令全镇的人都很神往。几个好奇的孩子想：院子肯定种着奇花异草，听说有一种长着大眼睛的花还会给孩子唱歌呢。于是孩子打起主意，决心探个究竟。

朦胧的夜晚，孩子们搭起人梯跳到院子里。他们在花丛中寻找着，踏坏了许多鲜花和嫩草。后来，他们被仆人发现，被赶出院子。

富翁大为发火，把这事讲给朋友听。

朋友笑着说："为何不把围墙拆了呢？"

富翁说："那我会丢失好多的财产！"

朋友笑了，说："有围墙又怎样？连一群孩子都拦不住，何况身手不凡的大盗呢！"

富翁终于听从了朋友的劝告，彻底拆掉了围墙。于是，孩子们首先冲入花园。他们仔细寻找心中的神花，结果，根本没有什么奇花异草。富翁的朋友把孩子们请到客厅，并让他们美餐了一顿，然后对孩子们说："在花园中种下你们心中的神花吧！"孩子们高兴得跳起来，然后跑到花园里去了。

因为富翁拆掉了围墙，全镇的人都可以欣赏到花园的美丽。富翁得到了全镇人的爱戴和尊敬。

一天，一伙大盗闯入米卡尔的家，准备将他家洗劫一空，刚闯入花园就被守护神花的孩子们发现了。小卢比跑到洋房报告情况；小比尔跑去镇上通知大人们。结果大盗们被及时赶到的富翁和镇上的人们抓了个正着。

庆功宴上，富翁对所有人说："我要感谢你们，你们使我懂得了一个伟大的道理——这个世界上只有敞开的花园最安全、最美丽。"富翁的话博得了所有人最热烈的掌声。

开放透明，光明磊落，才能得到更多人的监督和信任，才会更加安全。做人如此，做事也如此。个人如此，社会也如此。

《寓圃杂记》中记述了杨翥的两件小事。杨的邻居丢失了一只鸡，指骂被姓杨的偷去了。家人告知杨翥，杨说："又不止我一家姓杨，随他骂去。"又一邻居，每遇下雨天，便将自家院中的积水排放进杨翥家中，使杨家深受脏污潮湿之苦。家人告知杨翥，他却劝解家人："总是晴天干燥的时日多，落雨的日子少。”

久而久之，邻居们被杨翥的忍让所感动。有一年，一伙贼人密谋欲抢杨家的财物，邻居们得知后，主动组织起来帮杨家守夜防贼，使杨家免去了这场灾祸。

古时候有个叫陈嚣的人，与一个叫纪伯的人做邻居。有一天夜里，纪伯偷偷地把陈嚣家的篱笆拔起来，往后挪了挪。这事被陈嚣发现后，心想，你不就是想扩大点儿地盘吗，我满足你。他等纪伯走后，又把篱笆往后挪了一丈。天亮后，纪伯发现自家的地又宽出了许多，知道是陈嚣在让他，他心中很惭愧，主动找上陈家，把多侵占的地统统还给了陈家。

忍让和宽容说起来简单，可做起来并不容易。因为任何忍让和宽容都是要付出代价的，甚至是痛苦的代价。人的一生谁都会碰到个人的利益受到他人有意或无意的侵害。为了培养和锻炼良好的心理素质，你要勇于接受忍让和宽容的考验，即使感情无法控制时，也要紧闭住自己的嘴巴，管住自己的大脑，忍一忍，就能抵御急躁和鲁莽，控制冲动的行为。如果能像陈嚣、杨翥那样再寻找出一条平衡自己心理的理由，说服自己，那就能把忍让的痛苦化解，产生出宽容和大度来。

习惯物语

宽容是深藏爱心的体谅，宽容是一种智慧和力量，宽容是对生命的洞见；宽容不仅是一种文明、胸怀，更是一种人生的境界。宽容了别人就等于宽容了自己，宽容的同时，也创造生命的美丽。

与同学团结互助

合作是一种比知识更重要的能力，是一种体现个人品质与风采的素质，是一个人能够获得成功的重要保证。能够处理好与他人的协作关系，善于搜集群体智慧是跨世纪优秀人才必须具备的基本素养。因此，合作精神必须培养。

怎样养成团结互助的习惯呢？

一、养成善于与人合作的良好习惯。合作的基础是思想一致、互相信任。集体活动对营造儿童心理相容的环境和良好的人际关系十分重要。任何一个能够团结协作精神的集体活动，都要积极参与，多与自己的同龄朋友往来，在群体活动中和与人的交往中得到锻炼，养成善于与人合作的良好意识与习惯。

二、树立起“良好的人际关系是一个人工作和谐、生活幸福、事业成功的先决条件”的理念，养成交往的热情，懂得尊重他人，懂得团结同学，懂得用爱心和同情心去理解和对待周围的人和事。要善于发现别人身上的优点，当别人需要帮助的时候，助人一臂之力。

三、只有每个合作者都具备合作的基本知识和技能，才有能力参与其事。所以，必须学好专业知识和技能，掌握好本国语言和外语，尤其要学会运用计算机，以科学知识充实自己。

星期六上午，一个小男孩在他的玩具沙箱里玩耍。沙箱里有他的一些玩具小汽车、敞篷货车、塑料水桶和一把亮闪闪的塑料铲子。在松软的沙堆上修筑公路和隧道时，他在沙箱的中部发现一块巨大的岩石。

小家伙开始挖掘岩石周围的沙子，企图把它从泥沙中弄出去。他是个很小的小男孩，而对他来说岩石却相当巨大。手脚并用，似乎没有费太大的力气，岩石便被他连推带滚地弄到了沙箱的边缘。不过，这时他才发现，他无法把岩石向上滚动、翻过沙箱边框。

小男孩下定决心，手推、肩挤、左摇右晃，一次又一次地向岩石发起冲击，可是，每当他刚刚觉得取得了一些进展的时候，岩石便滑脱了，重新掉进沙箱。

小男孩只得拼出吃奶的力气猛推猛挤。但是，他得到的唯一回报便是岩石再次滚落回来，砸伤了他的手指。最后，他伤心地哭了起来。这整个过程，男孩的父亲在起居室的窗户里看得一清二楚。当泪珠滚过孩子的脸庞时，父亲来到了他的跟前。

父亲的话温和而坚定：“儿子，你为什么不用上所有的力量呢？”

垂头丧气的小男孩抽泣道：“但是我已经用尽全力了，爸爸，我已经尽力了！我用尽了我所有的力量!”

“不对，儿子，”父亲亲切地纠正道，“你并没有用尽你所有的力量。你没有请求我的帮助。”

父亲弯下腰，抱起岩石，将岩石搬出了沙箱。

任何人都必须依靠别人的帮助而生活，所以我们也必须像别人给予我们的那样对别人提供自己力所能及的帮助。人必须互助，而且必须是自觉性的互助，不是只要付钱就行，而是必须以尊敬、感谢以及关切来回报。

来自“知心姐姐”的一段话：

一天，一个戴“两道杠”的同学来找我，愁眉苦脸地说：“不知为什么，我和同学们的关系越来越紧张了。我觉得我是中队长，很重要，可那些不重要的人却处处和我作对。”

我请他伸出他的五个手指。

“请你告诉我，哪个指头最重要？”我问。

他掰掰大拇指，摸摸食指，拉拉中指，拽拽无名指，又捏捏小指，为难地回答：“都重要。”

“对，五个手指都很重要，缺一不可。它们有长有短，有粗有细，配合起来才有力量。如果都一般长，那一定不好用。在集体生活中，每个人就像其中一个手指，性格不同，爱好不同，能力不同，但每个人都很重要，每个人都有他特有的能力和作用。如果你能把每个同学都看得和你一样重要，就会发现他们的优点和长处，发现他们的作用，就会改善你和他们的关系，和大家相处得很好。”

这位中队长觉得我说得很有道理，回去成立了“五指中队”。他改变了看问题的角度，发现全中队 54 个人，人人都很重要，人人都有很多长处。他按每个人的长处分配了角色，并充分肯定了他们每个人的重要作用。不久，“五指中队”被大队评为优秀中队，他也被同学们选为“知心队长”。

跟人和谐相处并且合作成功的秘诀是：真心实意地尊重别人，让对方觉得自己很重要。

习惯物语

合作，是世界发展的潮流；合作，将创造出生命的奇迹！

敢于承认错误

承认错误，担负责任是需要勇气的。这种勇气根源于人们的正义感——人类的自爱，这种自爱之情是一切善良和仁慈之根本。人类的全部活动都受制于人们的道德良心。它使人们行为端正、思想高尚、信仰正确、生活美好。在良心的强烈影响下，一个人崇高而正直的品德才能发扬光大。我们应将承认错误、担负责任根植于内心，让它成为我们脑海中一种强烈的意识。在日常的生活和工作中，这种意识会让我们表现得更加出类拔萃。

很多人犯错误的时候往往会找寻各式各样的借口，试图逃避自己应承担的责任，试图安慰自己内心中的愧疚。如果你如愿地做到了，那么你很可能会第二次犯同样的错误，并能够再次找到“更好的”借口。

家长要有意识地教会青少年学会发现错误。家长要了解青少年的能力、爱好、性格及少儿所特有的心态，这样才能对青少年循循善诱，使他们能认清方向，少走弯路，早日成功。

台湾作家三毛生长在一个经济并不宽裕的家庭里。每个孩子每月只有1块零用钱，而且这1块钱也没有完全支配的自由，还得由大人监督着使用。过年得的压岁钱，大人要收回去做学费和书钱。三毛的这种经济状况远远满足不了她的需要。有个星期天，三毛走进妈妈的卧室，看见五斗柜上躺着一张耀眼的红票子——5块钱，她的眼睛一下子直了。有了它，能够买多少糖纸啊？三毛的脚一点点地向票子挪去。当她挪到能够抓住那张票子时，突然像听到有人吼了一声，吓了她一跳。她很快定下心来，目光扫视了房门口后，猛地伸手一抓，将红票子抓到手里，双手将它捏成纸球，装进了口袋。

吃中午饭时，妈妈自言自语地说：“奇怪，刚才搁的一张5块钱怎么不见了呢？”姐姐和弟弟只顾吃饭，像没听见。三毛有点儿坐不住了，她搭腔道：“妈妈，是不是你忘了放在什么地方了？”这一关过去了，但到晚上脱衣服睡觉时，三毛害怕了，她怕妈妈摸她的裤袋。当妈妈伸手拉她的裤子时，三毛机灵地大叫：“头痛！头痛！我头痛呀！”三毛的这一招还真灵，妈妈顾不上拉她的裤子了，赶快找到温度计让她夹在胳肢窝里。当妈妈和父亲商量着带三毛看医生时，三毛半斜着身子，假装呼呼地睡着了……

过了一天，三毛被拉去洗澡，妈妈要脱她的衣服，这一次三毛应付的方法是哭。妈妈见三毛不让自己给她脱衣服，便叫佣人来侍候三毛。在换衣之际，三毛迅速把5块钱从裤子口袋转移到手心里。洗澡的整个过程中，她都死死地捏着那5块钱。三毛一面洗澡，一面在脑子里策划如何扔掉这个弄得自己坐立不安却又不能继续背下去的包袱。在她转动小心眼的时候，时间不断地流逝，外面等着洗澡的人把门敲得“啪啪”响。管它呢，就这样办了。

浴室门一开，三毛箭一般地跑进了母亲的卧室，不等穿好衣服，便将手里那块烫嘴的“小排骨”扔进了五斗柜和墙的夹缝里。

次日早晨，三毛像发现新大陆一样，惊讶地大叫一声：“哎呀，妈妈！你的钱原来掉在夹缝里了！”全家人相对一笑。妈妈给三毛找了个台阶下，她说：“大概是风吹的吧。找到了就好！”后来姐姐和弟弟向三毛透露了一个秘密——我们都偷过家里的钱，爸爸妈妈也都知道。这一次爸爸妈妈也是在等着你自己拿出来。三毛好后悔，原来大家一直在观看自己演戏。

每个人都会犯有过失，但过失可以教给你的却是你在任何地方都不可能学到的。然而，唯恐犯错的心理往往使人们不去尝试新事物或承担风险。

史蒂芬是位20多岁的美国小伙，几年前他在一家裁缝店学成出师。他来到德克萨斯州的一个城市开了一家自己的裁缝店。由于他做活认真，并且价格又便宜，很快就声名远扬，许多人慕名而来找他做衣服。有一天，风姿卓越的哈里斯太太让史蒂芬为她做一套晚礼服，等史蒂芬做完的时候，发现袖子比哈里斯太太要求的长了半寸。但哈里斯太太就要来取这套晚礼服了，史蒂芬已经来不及修改衣服了。

哈里斯太太来到史蒂芬的店中，她穿上了晚礼服在镜子前照来照去，同时不住地称赞史蒂芬的手艺，于是她按说好的价格付钱给史蒂芬。没想到史蒂芬竟坚决拒绝。哈里斯太太非常纳闷。史蒂芬解释说："太太，我不能收您的钱。因为我把晚礼服的袖子做长了半寸，为此我很抱歉。如果您能再给我一点时间，我非常愿意把它修改到您需求的尺寸。"

听了史蒂芬的话后，哈里斯太太一再表示她对晚礼服很满意，她不介意那半寸。但不管哈里斯太太怎么说，史蒂芬无论如何也不肯收她的钱，最后哈里斯太太只好让步。

在去参加晚会的路上，哈里斯太太对丈夫说："史蒂芬以后一定会出名的，他勇于承认错误、承担责任以及一丝不苟的工作态度让我震惊。"

哈里斯太太的话一点儿也没错。后来，史蒂芬果然成为了一位世界闻名的高级服装设计大师。

美国总统肯尼迪在就职演说中说："不要问美国给了你们什么，要问你们为美国做了什么。"这句话曾激励了一代又一代美国青年积极主动地为自己的行为和现在所处的糟糕情况负责。正是这种负责精神使他们找到了突破困境走向成功的真正法门，使美国经济实现了腾飞。负责精神是改变一切的力量。如果你的职业陷入困境，事业步入低谷，不要抱怨和不满，要先问问自己为公司做了什么，只有这样，才能积蓄起破除事业坚冰的力量。

习惯物语

勇敢地面对错误，承担责任。这样你才会吸取教训，从失败中学习和成长。

懂得感恩

英国作家萨克雷说："生活就是一面镜子，你笑，它也笑；你哭，它也哭。你感谢生活，生活将赐予你灿烂的阳光；你不感谢，只知一味地怨天尤人，最终可能一无所有！"

感恩是一种交往的哲学。是的，一个人如果习惯于感谢他人，他将得到他人的信任和喜欢。一个人如果习惯于感谢生活，他将得到生活的眷顾和宠爱。

中国自古以来就有“知恩不报非君子”，“滴水之恩当涌泉相报”的古训。我们不仅应该孝敬父母，尊敬师长，而且对于曾经帮助过自己的人，也应该发自内心地感激。感恩是每个人都应该有的基本道德准则，是做人的起码的修养。不会感恩或者不愿意感恩的人是缺乏情感的，是不受欢迎的。因此，父母要培养孩子感激他人的习惯，他们才能成为人人欢迎、人人喜爱的人。

应该具有一颗感恩的心，应该从以下几方面做起：

一、理解父母

生活中，许多父母都只知道无限地为孩子付出，却从来不知道应该教孩子感谢父母，对父母有所回报，这样的孩子往往是自私的。只有懂得感谢父母、回报父母的孩子才能够感谢其他人、回报社会。

二、感谢老师

马其顿王亚历山大说：“我尊重亚里士多德如生身之父，因为如果说我的生命属于父亲，那么赋予生命价值的所有一切都属于亚里士多德。”

老师是给予我们知识的人，是给予我们打开知识宝库钥匙的人。许多取得巨大成就的人都非常注重感谢老师。

感谢师长，要从小事做起。比如尊敬老师，不给老师添麻烦，为老师擦黑板，给老师倒茶等。尤其是要教育孩子好好学习，回报老师的教导。

三、感谢朋友

一个人的一生必然会有一些朋友。真正的朋友不仅可以同甘共苦，而且可以帮助自己解决许多人生当中的困难和麻烦。一个人的成功或多或少地与朋友的支持是分不开的。

四、感谢生活

美国犹太教哲学家赫舍尔说：“世界是这样的，面对着它，人意识到自己受惠于人，而不是主人身份；世界是这样的，你在感知到世界的存在时，必须做出回答，同时也必须承担责任。”

生活是美好的，也是痛苦的。一个人只有怀着感恩的心态，才会忽视生活的苦难，时刻看到生活的美好。

穷人区里的一位小学老师要求她所教的一班小学生画下最让他们感激的东西。她心想能使这些穷人家小孩心生感激的事物一定不多，她猜他们多半是画桌上的烤火鸡和其他食物。当看见杜格拉斯的图画时，她十分惊讶，那是以童稚的笔法画成的一只手。谁的手？全班都被这抽象的图案吸引住了。

“哦，我猜这是上帝赐食物给我们的手。”一个孩子说。“一位农夫的手。”另一个孩子说。

待全班都安静下来，继续做各人的事时，老师才过去问杜格拉斯那到底是谁的手。“老师，那是你的手。”孩子低声说。她记得自己经常在休息时间牵着孤寂无伴的杜格拉斯散步，她也经常如此对待其他孩子，但对无依无靠的杜格拉斯来说却特别有意义。

是的，一生中我们每一个人都会有要感谢的人和事，或许不是什么大恩大德，只是生活中的一点一滴，比如，感谢母亲辛勤的工作，感谢同伴热心的帮助，感谢人与人之间的相互理解……对很多给予者来说，也许这些给予是微不足道的，可是它的作用却常常难以估计。

一个男孩子，他的父母离异了。家庭的变故使他变得郁郁寡欢，不但学习成绩下降，还动不动对同学发脾气，也许是为了平衡自己内心的混乱，每天吃完晚饭他都一个人在操场上转圈，一圈又一圈。谁都知道他的痛苦，可是，就是没有人能够安慰他。就在这个时候，班里一个并不起眼的同学杰出现在他的身边。于是，在学校的操场上经常能够看到两个并肩而行的身影。就这样，又过了一段时间，这个同学完全从父母离婚的阴影中走了出来。就在前不久的一次同学聚会上见到了杰，当我们提起这段往事的时候，杰微笑着对我们说：“其实没什么神秘的，你们并不知道。我父母在我上中学的时候就离婚了。在那段痛苦的日子里，我发奋学习，结果考上了大学。回首那段生活，我发现自己成熟了，独立了，坚强了。我只不过是把自己的这段经历告诉了他而已。”这样的答案让我们吃惊，因为整整4年，除了那位同学，班上再没有一个知道杰的身世，而且，他还一直生活得那么快乐、豁达。我们问他为什么会做到这样。杰说，经历了不如意，他学会了感谢生活。因为正是那段家庭的变故才成就了今天的他。

我们需要感谢生活吗？在生活中，很多人会自觉或不自觉地问起这个问题，尤其是当我们面对生活中的种种不如意的时候。我想当好运来临的时候，我们都会感谢生活：可是，当生活不尽如人意的时候，我们大多数人会抱怨生活。但是，生活常常不会因我们的抱怨而变得美好起来，有的时候，还会因为我们的抱怨而变得更加糟糕。

习惯物语

要学会感谢父母，是因为父母养育了我们；感谢老师，是因为老师给予了我们知识，提高了我们的能力；感谢其他关心我们的人，是因为他们的关心和帮助使我们健康成长，渡过人生的一道道难关。这些看似朴素的感恩教育中却蕴藏着深刻的人情道理和人文关怀。

培养品德与生活上的好习惯

培育良好的品德和生活习惯，是建立和完善自我人格的基础。良好的品德包括孝敬父母、尊敬师长、爱护动物、礼貌待人等。良好的生活习惯包含运动习惯、饮食习惯、作息时间、个人卫生、节约金钱、遵纪守法等。有了良好的品德和生活习惯，就为将来的成功打下了基础。

平时热爱劳动

劳动是人类生存的基本要求，热爱劳动是一种高尚的思想品德，劳动就在于创造。

劳动是人的基本实践活动，劳动为人们的物质生活和精神生活提供了必要的条件，劳动改造着世界。人们应该热爱劳动，学会劳动。劳动对我们的全面发展有着重要意义。劳动促进了我们的身体发育，培养我们健全的人格。

现在我们从小生活在钢筋铁骨的水泥丛林中，抬头是灰蒙蒙的天空，低头是熙熙攘攘的车流人海，天天重复着从家庭到课堂的往返，忙不完的作业、习题和考试，听不完老师的教导和家长的唠叨——从而远离了大自然，很少有时间接近大自然。在劳技课上，老师能给我们一个接近大自然的机会，把我们从作业与考试的囚笼里放出来，让灵魂得到了净化。如我们种上一株花，那我们就会全心全意地关注着自己最心爱的朋友。在不知不觉中，让我们的一颗颗爱心跳跃起来了。

在劳动过程中，我们的责任感得到培养，动手实践能力得到培养，我们的劳动意识得到了提高，也从中体验到成功的滋味。

同样，劳动是孩子的天性，孩子在家务活动中充分体现其喜欢活动的天性，而且，他们对此怀着强烈的兴趣。孩子非常乐意去擦拭一小块地板砖、家具上的手指印，还有桌面上的灰尘，所以我们应早点花心思去教他们动手做点家务，以免将来后悔喊不动他们。然而，教孩子做家务，安排他们如何帮忙，却是一件需要年轻妈妈们花费心思的工作。因为很多事情你会觉得自己动手省时省力得多，所以凡事都自己为孩子代劳。这样，对孩子的成长是不利的。

当小孩做完一件事后，不管这件事本身的大小，你都应该对此表示高兴，让小孩知道你很肯定他的工作，但在肯定时忌用物质奖励，尽可能多采用鼓励性的话语。

现在，许多妈妈在工作之余还要兼做家务。因此，让孩子积极参与生活，这对于配合维持一个整齐、干净的家，就显得格外重要。这里不仅是让小孩懂得收拾自己的东西，更主要的是要做出安排、制造机会、让孩子参与家务。这不但可让孩子体会并分担父母的辛劳，还能让孩子学到许多做事的方法，从中培养体贴、负责的心，父母亦可能省许多力气，少操许多心，使家庭的气氛和谐、融洽。

有一天，奇奇和爷爷奶奶去运河公园锻炼身体。

奇奇先找到了一块草坪，接着从爷爷的车上拿出了一个塑料袋，把一片一片从树枝上飞舞下来的枯黄色的树叶装进了塑料袋。然后，奇奇看了看这块草坪，比原来干净多了。奇奇心里真高兴。最后，奇奇还量了量草坪的大小，有16平方米。爷爷奶奶夸奇奇捡得真干净。奇奇心里热乎乎的，觉得自己也成为一个小雷锋了。

习惯物语

劳动光荣，懒惰可耻。

讲究卫生

走着走着，便旁若无人地随口将痰吐在地上；有了果皮等废弃物，随手就扔；打喷嚏、咳嗽毫不遮掩……

这些不讲卫生的陋习，我们再熟悉不过。

其实，在现代社会中，养成讲究清洁卫生的好习惯特别重要。它是一个人文明的表现，既体现了良好的个人面貌，又包含了对他人的尊重。要想做到干干净净每一天，除了我们早就知道的刷牙洗脸等好习惯之外，我们还特别强调以下几个方面：

一、勤洗澡洗头，勤剪指甲。儿童、少年时期正处于身体发育阶段，每天的新陈代谢非常旺盛，因此要经常洗澡洗头，保持指甲整洁卫生，这样才能及时清除身体上或头发上的细菌和灰尘。

二、勤换衣服和手帕、袜子。当你有着整洁的领口和袖口的时候，你站在他人面前就会很有信心；当你穿着干净袜子的时候，不仅给自己一份好心情，也是尊重他人的表现。因此，建议你勤换衣服和手帕、袜子，尤其是内衣，不要因为他人看不见就不在意。衣服整洁就好，讲卫生比讲名牌更重要。

三、注重牙齿健康。不仅早晚要刷牙，每次饭后最好也能刷牙。如果没有条件的话，也要仔细漱口。

四、定期整理和清洗书包。最好每月刷洗一次书包。因为书包是我们每天都要携带的，经常清洗可以清除细菌。同时，它的整洁也关系到个人的精神面貌，背上干干净净的书包，会给自己一个好心情。

五、注意身体健康。患病要及时治疗，尤其是得了传染病要及时报告，并立刻到医院治疗，在家养病治疗时，不要到处乱跑，以免传染给他人。

六、爱护环境，不随地吐痰和乱扔杂物。随身携带纸巾或手帕，将吃过的口香糖、要吐的痰等吐在纸巾、手帕中。时刻切记，爱护环境是一个现代人应有的责任。

七、饭前便后洗手。培养孩子饭前便后洗手的习惯。作为父母应该注意，孩子3岁就应该培养其饭前便后洗手的习惯，到5岁时孩子应该已经养成了这一习惯。父母要帮助孩子长期坚持，并为孩子提供方便。饭前包括吃饼干、吃其他任何食物之前，手摸过脏东西以后也应洗手。应告诉孩子为什么这样做，以说服孩子自觉地遵守要求。孩子可能偶尔会忘记洗手，就去拿东西吃，父母应及时提醒，切忌“三天打鱼，两天晒网”。父母如果有时候要求，有时候又不要求，孩子可能就存在侥幸心理：这次不洗，也许妈妈没有发现。所以要培养孩子的良好习惯，就要一直坚持下去，中途不要停。有的孩子洗手时很马虎，把手放在水龙头下冲一冲就完了，结果洗完了以后手仍然是脏的。正确的洗手方法是：先将手浸湿，再抹上肥皂搓一搓，然后冲洗干净，最后用毛巾擦干。家长可以给孩子做示范，让他们模仿。为了让孩子记住正确方法，父母可故意在洗手时不抹肥皂，洗完后问孩子错在哪儿或进行“看谁的手洗得干净”的比赛，促使他认真洗手。

建雄是个12岁的男孩子。最近，妈妈发现了他的一些新变化。那就是他比以前爱干净了。以前，建雄可不是这样的，他不太重视个人卫生，就连饭前洗手、睡前洗漱这样的小事都要父母盯着做。如果没人盯着，他就匆匆完事。可是，这学期以来，建雄变了，每天早上刷牙洗脸可认真了，还特别仔细地整理头发。不仅如此，每到星期天，建雄还主动地收拾自己的房间和书架，走在路上看见别人吐痰，建雄也忍不住说上两句。妈妈问建雄为什么爱整洁了？建雄说，因为老师给他们讲了很多讲卫生、讲环保的故事，而且还让他们把自己的手放在显微镜下面，观看手上的细菌。这使他认识到一个不讲卫生、不懂环保的人简直就是一个野蛮人，大家都不爱和这样的人做朋友。

奇奇的母亲是位医生，因为职业的关系，她特别注意培养女儿的卫生习惯。妈妈跟奇奇说：“要做个讲卫生、爱清洁的孩子，这样别人才会喜欢你。比如说饭前便后一定要洗手。”

奇奇问：“为什么饭前便后要洗手？”妈妈告诉她：“因为手每天要碰各种各样的东西，会沾染很多细菌，要是在吃饭前不洗干净，吃饭时不小心把细菌吃进肚子里就会长出虫子来，有虫子，就要去医院打针吃药了。”等她稍大一点，妈妈还进一步告诉她，饭前便后洗手可以预防各种肠道传染病、寄生虫病。

每次奇奇洗手时，妈妈都为她准备好肥皂、擦手毛巾，放在奇奇容易取拿的地方。而且教给孩子洗手时要把袖子挽起，以免把衣服搞湿了，并教给她手心手背都要洗，而且耐心地给孩子做示范。

于是，奇奇每天早晨起床后，自己洗脸、洗手。尤其是吃饭前，从来都不用人提醒，自己主动去洗手，打肥皂，把手擦干。奇奇现在已经养成了良好的卫生习惯。

习惯物语

谚语曰："播种行为便收获习惯，播种习惯便收获性格，播种性格便收获命运。"愿所有儿童、少年都养成清洁卫生的好习惯。

遵守各项规则

文明的人都知道"在公共场所要遵守秩序"这个简单的道理。买东西、上汽车、参观展览、进影剧院等都要排队。而加塞乱挤是极不文明、不礼貌的行为。

偏偏有些人不讲文明礼貌，他们在公共场所乱挤乱拥。对这种人主张不仅要制止，而且要"让"，以"有礼"对"非礼"。"让"并不是软弱，"让"不仅是一种风度，而且是一种无言的教育和批评。

一所大学的学生会主席是个女生，一天上大课，同学们要各自占位子。她去得早，坐在了前面。一位男生站在她身后大声吼道："是哪个这么大的胆子，敢把老子的位置占了？"这个女生站起来，对他说："啊，对不起，我不知道这个位子是你的。"然后拿着书包，坐到了教室后面。在场的男同学对这位男生开始了猛烈的"攻击"："你给我们男生丢尽了脸，看人家女孩多有气度！"这个男生深感惭愧，第二天主动来找这位女生道歉。

这就是"礼貌"的作用和"让"的力量。

如果仔细观察就会发现，在北京地铁进出站的上下扶梯上画出了一道黄线，分出了急行及站立两个区，左边的是急行区，右边的是站立区。那么，为什么要划分出两个区呢？那是因为现在地铁的客流量在不断增大，为了加快疏通客流，地铁公司效仿国外的做法，在扶梯上分出两个区域，不赶时间的人站在站立区，按正常速度上下滚梯。让有事的人在急行区可以先走一步。

其实，不仅是乘滚梯，步行上下楼梯时也是如此。当你上下楼梯的时候，要尽可能地靠右行。这样，可以给有急事的人留出一条路来，让他们先走。而且，当每个人都能够遵守规则靠右行时，也是给了自己一种安全感，可以避免自己和他人相撞。深圳市某小学的一个小学生就是因为在上楼时不小心与其他下楼梯的同学相撞，滚到了楼梯下，结果使脾脏摔裂被切除，造成了五级伤残。可见，遵守规则，上下楼梯靠右行，是利人又利己的好习惯。建议从以下几个方面多加注意：

一、有秩序地上下楼梯或滚梯，不拥不抢，在楼梯或滚梯上不打闹。

二、与同学共同乘坐滚梯时，要前后纵向站立，不要并肩而立。上下楼梯，也要纵队排列，而不要并排行走。

三、如果需要赶时间，要会利用急行通道，迅速上下，不妨碍别人，并对给你让路的人说“谢谢”。

四、在不需要急行时，一定要靠右行走或站立。有的滚梯用黄线划分出了不同的区域，而有的没有划分。在没有划分的滚梯上，也要遵循靠右站立的原则。在楼梯上，则要靠右行走。

五、不要在滚梯或楼梯上跑上跑下，这样做是很危险的，同时还有可能妨碍他人。因此，要养成遵守规则的好习惯。

六、规则并不是仅仅给人带来约束，还给人带来安全和方便。因此，我们还要遵守交通规则，走人行横道线，不在马路上追跑打闹；上下公交车要排队，不拥抢；购物排队不加塞。

爸爸坐下来吃早餐时没看见女儿，于是便问：

“贝妮呢？”

“老公，我让她今天睡久一点。”

“为什么？”

“她昨天非要等你回来才肯上床睡觉，所以很晚才睡。”

“我不是告诉你，我会很晚回来吗！”

“我知道啊！但是她不听，所以我只好让她等到睡着。”

“今天不用上学吗?”

“哦！没关系。才小学嘛！我会帮她写一张请假条。”

“我觉得这样不好，你应该让她学着遵守规则。”

“她还小呢！不急着现在学这些规则，还多的是时间呢！”

爸爸是对的。贝妮必须遵守例行的作息时间。妈妈允许贝妮“自由”晚睡的权利，却侵犯了她适当睡眠的权利，进而破坏了她的生活秩序。这并不是自由，而是放纵。妈妈又假造请假条，这等于又剥夺了贝妮学习的权利。贝妮和其他很多小孩子一样，她正谨慎地向环境伸出触角以便学习、探索属于她的空间范围，当她正畅游于自己的世界时，妈妈的放纵很突然地把她所属的空间挖了一个缺口，反而使她不知所措。

习惯物语

凡事都有规矩，不以规矩，不能成为方圆，法则可以避免错误。放纵孩子是一种错误的教育行为。

爱护周边环境

环境污染是指由于对生态系统有害的物质进入环境后对生态系统造成的干扰和损害的现象，简称污染。

具体来说就是，有害物质或有害因子进入环境并在环境中发生扩散、迁移、转化，并跟生态系统的诸要素发生作用，使生态系统的结构与功能发生变化，对人类以及其他生物的生存和发展产生不利影响。

环境污染的最直接、最容易被人所感受的后果是使人类环境的质量下降，影响人类的生活质量、身体健康和生产活动。例如城市的空气污染造成空气污浊，人们的发病率上升等；水污染使水环境质量恶化，饮用水源的质量普遍下降，威胁人的身体健康，引起胎儿早产或畸形等。

严重的污染事件不仅带来健康问题，也造成社会问题。随着污染的加剧和人们环境意识的提高，由于污染引起的人群纠纷和冲突逐年增加。

目前在全球范围内都不同程度地出现了环境污染问题，具有全球影响的方面有大气环境污染、海洋污染、城市环境问题等。随着经济和贸易的全球化，环境污染也日益呈现国际化趋势，近年来出现的危险废物越境转移问题就是这方面的突出表现。

总的来说，环境污染可以是人类活动的结果，也可以是自然活动的结果，或是这两类活动共同作用的结果。如火山喷发往大气中排放大量的粉尘和二氧化硫等有害气体，同样也会造成大气环境的污染。但通常情况下，环境污染更多地是由人类活动，特别是社会经济活动引起的。我们平常所指的就是这类源于人类活动的环境污染。人类活动之所以会造成环境污染，是因为人类跟其他生物有一个根本差别：人类除了进行自身的生产外，还进行更大规模的物质生产，而后者是其他所有生物都没有的。由于这一点，人类活动的强度远远大于其他生物。

一些饭店老板，只为了自己能挣更多的钞票而大量购买一次性筷子，使砍伐树木的商户供不应求，他们又用砍伐下来的优等木材制作成一批批一次性筷子。现在，人类正处于一个高新科技时代，因此，人们的要求也慢慢“提高”。再也不用稿纸写字、练字了，一些昂贵的纸张让人天天捧在手心里，这也给伐木工人带来了一个通向致富的“好渠道”。没有大树的遮掩，我们哪儿来的阴凉？没有大树的阻挡，洪水才敢这样“忘形”。不光是人类的乱砍滥伐，还有那罪不可赦的白色污染。塑料书皮慢慢走进我们的学习生活中，用挂历和牛皮纸包新书的历史即将过去。难道这就意味着生活水平提高了吗？这些无法降解的塑料书皮埋在地底下，土地不但不能吸收它们，反而还给环境带来了许多影响。它们将给垃圾清运增加什么样的负担，给那里的环境带来怎样的危害，书皮的生产、销售商是不考虑的。他们看到的只是一块又大又香的“蛋糕”，并且为即将吃上“大蛋糕”而窃喜。其实，用什么材料包书皮，与生活水平是否提高一点也不相干，况且，用废旧牛皮纸、挂历纸包书皮并没有什么不好。废旧纸张的再利用是爱惜资源、保护环境的举动。另外，我们通过包书皮还可以练习动手能力。为什么非要互相攀比，追求“高档”、“美观”、“造型独特”？

爱护身边的一草一木，从现在做起。

这是福建省漳州市一位小朋友的作文：

吃过晚饭，我和爸爸、妈妈出门散步。

沐浴在夕阳下的大街，就好像披上了一件金色的披风，金灿灿的，显得格外美丽。漫步在大街上，我们有说有笑，甭提有多高兴了。突然，一只袋子“从天而降”，“啪啦”一声重重地摔在地上，袋子里的垃圾四处飞溅，臭不可闻，肮脏的垃圾反衬着整洁美丽的大街，显得那么扎眼。我抬头望去，只见大街两旁，一扇扇装修精美的窗户，摆满一盆盆鲜花，窗口透出柔和的灯光，是那么的漂亮。真没想到这袋垃圾竟是从那漂亮的窗口扔出来的，我简直不敢相信自己的眼睛。“扔垃圾的人真不讲文明。”我气愤地说。妈妈也说：“是啊，就是有个别一些人，他们只顾把自己的家打扮得干干净净、漂漂亮亮，却一点也不爱惜公共环境。”

我们边走边谈，这时，我觉得口有一点渴，便买了一根冰棒，我随手将包装纸往地上一扔。妈妈见了说：“孩子，你忘了刚才路上遇到的事了吗？”妈妈的话提醒了我，我的脸一下子红了，忙弯下腰把包装纸捡起，扔进垃圾箱。

讲究文明，爱护公共卫生是我们每一个人应尽的义务。我们应该时刻提醒自己，从我做起，以身作则，用实际行动来美化我们的生活环境。

我们不能忘记那个刻骨铭心的灾难：1998 年 6 月，我国长江、黑龙江一带遭受了百年罕见的洪涝灾害。洪水每到一处，那里就要面临着家园被毁的危难。有句俗话说得好：一方有难，八方支援。好在全国人民的热心帮助，积极捐款捐物下，使灾情得到缓解。但是，在这以后，一个明显的事实摆在眼前：三分天灾，七分人祸。国内外不少专家指出，由于人类无节制地对森林乱砍滥伐，不注意保护生态平衡，致使多数森林遭到毁坏。小鸟没有家了，再也不会欢歌笑语；大地没有漂亮的绿衣裳了，不再生机勃勃，这一切都是人类自己惹的祸！但是，有些人还没有意识到我们的家园正在慢慢被毁坏着。

习惯物语

让我们手牵着手，心连着心，从现在做起，从点点滴滴做起，共同来关心我们的大自然，共同来关注环境保护，共同来保护我们的绿色家园！让地球变成一个洁净、清新、永远年轻的蓝色星球！一定要记住：保护环境，我们每个人都责无旁贷！

热爱小动物

由于人类的欲望，乱捕滥猎，使许多野生物种遭受灭顶之灾，濒于灭绝。一次大量海龟的死亡，引起科学家的重视。在对死去的海龟进行解剖时发现，海龟的胃里竟有15个塑料袋！塑料袋在海面上漂浮的样子很像海蜇，海龟可能把它们当做海蜇吞了下去。据了解，近年来由于各种自然因素和人类的破坏和猎杀，整个世界已有1000多种动物灭绝，1000多种动物即将灭绝，而且自20世纪80年代以来，全球的物种正在以每天近10种的速度灭绝。

人类文明进入21世纪，历史翻开了新的篇章，人类进化的每一步，都离不开我们身边的动物。可是，在世界的每个角落，随着城市的扩张，环境的污染，对自然资源的无度开采，人与动物之间不和谐的一幕常常会出现：断翅的小鸟，裸露的山头，干涸的河床；小羚羊在已死去的母亲怀里吸着混着血的奶水；孤独的小象，它的父母为了象牙失去了生命；成千上万的海鸟溺死在被污染的海里；许多的野兔死在了人们的娱乐欢笑声中……20年前，4只美丽的天鹅飞到了北京的一个公园，天鹅的友善造访，没能得到人们的善待，随着一声枪响，一只天鹅再也无法扇动那美丽的翅膀。这些场面令人心碎，这些都是人类对自然犯下的罪行。

爱护动物，不仅体现了人们的良知，也体现了人类的文明。在我们生存的地球上，小鹿是我们的伙伴，喜鹊是我们的朋友，动物是我们的邻居，自然是我们的家园。失去了动物，将失去生态平衡，失去万物，也就失去了我们美好的家。爱护动物就是爱护我们自己！当你喜欢动物时，你会发现天空更蓝，笑容更灿烂，生活更精彩。让我们珍爱大自然每一个幼小的生命，让我们呵护大自然每一个活泼的身影，伸出我们的双手，献上我们的爱心，为那些弱小的生命遮风挡雨。关爱动物吧！让生命平等，让自然和谐。

保护野生动物，爱护小动物是我们每个人义不容辞的责任。

北京动物园里一只可爱的大白熊死了。北京的少先队员听说，大白熊是误吃了游人扔弃的塑料食品袋，患肠梗阻而死的。他们都很伤心，成群结队地来到动物园为大白熊送葬。他们向熊山挥撒着花瓣，大声呼喊着："对不起，大白熊！"他们劝阻游人再也不要向动物投食，更不要把塑料袋丢进熊山，因为那里是大白熊的家！

"对不起，大白熊！"孩子们发自内心的呼唤震撼了人们的心，使大人们自愧不如。

造成今日部分生物灭绝，不是其他星球与地球的碰撞，也不是火山熔岩的喷发，而是人类自身的不当行为。

习惯物语

尊重生命，爱护动物，从自我做起，从现在做起。

能够孝敬父母

孝敬父母是我国的民族精神。

你可曾想到，这十多年来，父母一方面要努力工作，为祖国的现代化建设多做贡献；另一方面又要料理家务，为我们的健康成长而日夜操劳，这是多么不容易啊！父母对我们倾注了无限的爱，这中间充满了自我牺牲的精神。现在，我们应该明白父母的苦心，应该孝敬父母。

其实，天下的父母都是一样的，他们都把自己无私的爱奉献给了自己的孩子，很多妈妈每天陪伴自己的孩子学习，放弃了自己的许多休息时间，很多爸爸为了赶着接送孩子顶风冒雪，忘记一天工作的劳累，有很多奶奶、姥姥、爷爷、姥爷，为了准时地接送自己的孙子，多少次在风雨中等候。所以应该牢记：养育之恩永不忘怀。

孝敬父母就是要敬爱父母，听从父母的教导，关心体贴父母，主动分担父母的辛劳，在家做个好孩子，在校做个好学生。长大成人后，自觉承担起赡养父母的责任。

孝敬父母，尊敬长辈，是做人的本分，是天经地义的美德，也是各种品德形成的前提，因而历来受到人们的称赞。试想，一个人如果连孝敬父母、报答养育之恩都做不到，谁还相信他是个“人”呢？又有谁愿意和他打交道呢？

《新三字经》里有一句：“能温席，小黄香，爱父母，意深长。”其中提到的小黄香是汉代湖北一位因孝敬长辈而名留千古的好儿童。他9岁时，不幸丧母，小小年纪便懂得孝敬父亲。每当夏天炎热时，他就把父亲睡的枕席扇凉，赶走蚊子，放好帐子，让父亲能睡得舒服；在寒冷的冬天，床席冰冷如铁，他就先睡在父亲的床席上，用自己的体温把被子暖热，再请父亲睡到温暖的床上。小黄香不仅以孝心闻名，而且刻苦勤奋，博学多才，当时有“天下无双，江夏黄童”的赞誉。

对于现在的一些独生子女，常可以看到这样的镜头：吃过饭后孩子扭头看电视或出去玩耍了，父母却在那里忙碌着收拾碗筷；家里有好吃的东西，父母总是先让孩子品尝，孩子却很少请父母先吃；孩子一旦生病，父母便忙前忙后，百般关照，而父母身体不适，孩子却很少问候。凡此种种，值得忧虑。

小华11岁，爸爸妈妈对她异常疼爱，小华也很喜欢爸爸妈妈，但还是不知道心疼父母。父母每天结束了一天的工作，拖着疲惫的身子回到家里，连一口热水也喝不上，小华还要爸爸陪她玩，并一直喊着要吃饭。

对此，父母感到很难过，他们想，也许是自己平时对女儿的溺爱让小华没有孝敬父母的意识。于是他们决定从生活小事做起培养孩子的这种意识。

有一次，小华要尝试自己洗衣服，于是妈妈痛快地答应了。第一次洗衣服，小华洗得相当吃力，额头上都渗出了细细的汗珠，而且洗完衣服，小胳膊都开始酸痛了。

小华好奇地问起妈妈：“妈妈，你平时帮我和爸爸洗衣服也这么累吗？”

妈妈说："虽然我力气要比你大些，不过每次洗那么多的脏衣服，也是很累的。"小华听完后若有所思地说："妈妈，我现在长大了，以后我的衣服我自己来洗吧。"

妈妈听了女儿的话，心里不知有多高兴，并及时夸奖小华说："小华懂事了，知道心疼妈妈了。"听了妈妈的夸奖，小华更高兴了。此后，小华变得懂事多了，除了坚持洗自己的衣服以外，还主动帮父母做些家务活，慢慢懂得心疼父母了。

小华为什么变了？因为她体验到别人的疾苦，激起爱心或同情心，能设身处地为别人着想了。

有无孝敬父母的习惯，不单单是子女和父母的情感关系，其实质是一个能否关心他人的大问题。在家里能养成孝敬父母的好习惯，到社会中，才有可能做到关心同事，也才有可能做到对祖国的忠诚。因此我们千万不能忽视培养孩子孝敬父母的好习惯。

这是一个学生诉说他给父母亲写信的心路历程：

写这封信时，我很犹豫，将自己内心的想法说给别人听，尤其是重提痛苦的记忆，不是件容易的事，然而愧疚和自责让我无法面对以后的生活，我需要帮助，需要找人倾诉。

曾经，我没有生活目标，对未来充满迷茫。从小学念到大学，都是得过且过混日子。而爸爸妈妈却爱我依然，尽管在考大学的时候，因为成绩不理想，我进了一所大专，父母为此骂过我不争气，羡慕别人家被赞誉包围的孩子，不过，也仅仅是这样，父母从没有动手打过自己，甚至没有大声呵斥过，他们依然无微不至地照顾我，忍受着我该死的坏脾气。依然认为，将来自己的儿子一定能够出人头地，给他们带来无限的光荣，只要让别人知道，这是他们的儿子就足够了。可无私的母爱和深沉的父爱带给我的却是负担。

我变本加厉地只知道一味索取，没有丝毫的惭愧与不安。"这是应该的，他们是我的父母，应该养我的。"这个想法跟了我 20 年，却毁了我的一生。因为这样，我漠然对待父母的爱，任性、无知的行为一次次地伤害了他们心。二十几年来，我没有为他们做过任何事，没有对他们说过一次

“我爱你们”。成天过着衣来伸手，饭来张口的日子却还抱怨不休，我凭什么？家里的生活是靠父母微薄的工资维持的，我没有解决家里经济负担的能力。我不但不在乎学习上的一次次不及格，还时常对他们发脾气，提些无理的要求，父母的爱和宽容竟让我觉得他们怕了我。我真是个白痴。

可是，报应来了。两年前，父母永远地离开了我，在我什么也没有做的时候，在我无知无觉的时候，爱我的父母亲由于重病相继过世。从此，我的天空坍塌了，一片漆黑。我不知道该怎样形容那段时间里我自己的感觉，二十多年来，我第一次有了感觉，却是如此的残酷与绝望。

我变了，我开始思考，开始认清自己，因为过去的无知、任性和自私，我终日生活在深深的自责和愧疚中。我想弥补，想重新再来，想对父母说声“我爱你们”，想用所有的一切换回父母亲的笑容，然而可以吗？两年来，我很痛苦，我做错了事，却永远失去了弥补的机会，我无数次地问自己：为什么这样，这难道是老天对我的惩罚？我多么希望能亲口对父母亲说一声：“对不起，我错了”。可是如今却天人永隔，悔青了肠子悔白了头，我无法从痛苦中解脱。

我知道自己不可饶恕。伤心之余，唯一想说的就是愿天下所有的孩子都能孝敬父母，不要像我一样，愿所有的家庭都能美满幸福。

欠下的恩情不能报答，就会产生良心上的折磨，是对忘恩者的惩罚，让他的心灵不得安宁。因此，做人要懂得感恩，才会活得快乐。

1997 年 7 月 28 日，天津一中高三学生安金鹏在阿根廷举行的第三十八届国际奥林匹克数学竞赛中荣获金牌，为天津历史写下了新一页。

这位 19 岁数学奇才成功的背后，有一位伟大的母亲。下面就是他讲述的自己的故事。

1997 年 9 月 5 日，是我离家去北京大学数学研究院报到的日子。袅袅的炊烟一大早就在我家那幢破旧的农房上升腾。

跛着脚的母亲在为我擀面，这面粉是母亲用 5 个鸡蛋和邻居换来的，她的脚是前天为了给我多筹点学费，推着一整车蔬菜在去镇里的路上扭伤的。端着碗，我哭了，我撂下筷子跪到地上，久久地抚摸着母亲肿得比馒头还高的脚，眼泪一滴滴滚落在地上……

我的家在天津武清县大友岱村，我有一个天下最好的母亲，她名叫李艳霞。

我家太穷了。我出生的时候，奶奶便病倒在炕头上。

4岁那年，爷爷又患了支气管哮喘和半身不遂，家里欠的债一年比一年多。7岁那年，我上学了，学费是妈妈向人借的。我总是把同学扔掉的铅笔头捡回来，用线捆在一根小棍上接着用，或用橡皮把写过字的练习本擦干净，再接着用，妈妈心疼得有时连买铅笔和本子的几分钱也要去向人借。不过，妈妈也有高兴的时候，不论大考小考，我总能考第一，数学总是满分。在妈妈的鼓励下，我愈学愈快乐，我真的不知道天下还有什么比读书更快乐的事。我没上小学就学完了四则运算和小数分数；上小学靠自学弄懂了初中的数理化；上初中也自学完了高中的理科课程。1994年5月，天津市举办初中物理竞赛，我是市郊五县学生中唯一考进前三名的农村小孩。那年6月，我被著名的天津一中破格录取，欣喜若狂地跑回家。没想到，把喜讯告诉家人时，他们的脸上竟堆满愁云。奶奶去世不到半年，爷爷也生命垂危，家里现在已欠了一万多元的债。

我默默回到房中，流了一整天的泪。

晚上，听到屋外有争吵声。原来是妈妈想把家里的那头毛驴卖掉，好让我上学，爸爸坚决不同意。他们的话让病重的爷爷听见，爷爷一急竟永远地离开了人世。安葬完爷爷，家里又多了几千元的债。我再不提念书的事了，把录取通知书叠好塞进枕套，每天跟妈妈下田干活。过了两天，我和父亲同时发现小毛驴不见了！

爸爸铁青着脸责问妈妈："你把小毛驴卖了？你疯了，以后整庄稼、卖粮食你去用手推、用肩扛啊？你卖毛驴的那几百块钱能供金鹏念一学期还是两学期……"那天，妈妈哭了，她用很凶很凶的声音吼爸爸："娃儿要念书有什么错？金鹏考上市一中在咱武清县是独一无二呀！咱不能让'穷'字把娃儿的前程给耽误了。我就是用手推、用肩扛也要让他念下去。"捧着妈妈卖毛驴得来的600元，我真想给妈妈下跪、磕头。我太爱念书，然而这一念下去，不知妈妈又要为我吃多少苦？那年秋天我回家拿冬衣，发现爸爸脸色蜡黄，瘦得皮包骨似的躺在炕上。妈妈若无其事地告诉我："没事，重感冒，快好了。"谁知，第二天我拿起药瓶看上面的英文，竟发现这些药是抑制癌细胞的。我把妈妈拉到屋外，哭着问她这是怎么回事，妈妈说自从我上一中后，爸便开始便血，一天比一天严重。妈妈借了6000元去天津、北京一遍遍地查，最后确诊为肠息肉，医生要爸爸赶快动手术。妈妈准备再去借钱，可是爸爸死活不答应。

他说亲戚朋友都借遍了，只借不还谁还愿意再借咱呀？

那天，邻居还告诉我，母亲是用一种原始而悲壮的方式完成收割的。她没有足够的力气把麦子挑到场院落去脱粒，也没有钱雇人帮忙，她是熟一块割一块，然后再用平板车拉回家，晚上院里铺一块塑料布，用双手抓一大把麦穗在大石头上摔打……三亩地的麦子，全靠她一个人，她累得站不住了就跪着割，膝盖磨出了血，走路时一瘸一拐的……不等邻居说完，我便飞跑回家，大哭道："妈妈，妈妈，我不能再读下去了呀……"妈妈最终还是把我赶回了学校。

我的生活费是每个月60~80元，比起其他同学的200~240元，实在少得可怜。可只有我才知道，妈妈为这一点点钱，从月初就得一分一分地省，一元一元地卖鸡蛋、蔬菜，实在凑不出时还得去借个二三十元。而她和爸爸、弟弟，几乎从不吃菜。就是有点菜也不用油拌，只舀点腌菜的汤搅和着吃。妈妈为了不让我饿肚子，每个月都要步行十多里路去给我批发方便面渣。每个月月底，妈妈总是带着一个鼓鼓的大袋子，千辛万苦地来天津看我。袋里除了方便面渣，还有妈妈从6里外一家印刷厂要来的废纸（给我做计算纸）和一大瓶黄豆辣酱以及一把理发的推子。天津理发最便宜也要5元，妈妈要我省下来多买几个馒头吃。

我是天津一中唯一在食堂连青菜也吃不起的学生，只能买两个馒头，回宿舍泡点方便面渣就着辣酱和咸菜吃；我也是唯一用不起稿纸的学生，只能用一面印字的废纸打草稿；我还是唯一没用过肥皂的学生，洗衣服总是到食堂要点碱面将就。可是我从来没有自卑过，我觉得妈妈是一个向苦难、向厄运抗争的英雄，做她的儿子我无上光荣！

刚进天津一中的时候，英语课就把我听懵了。母亲来的时候，我向她说了怕英语跟不上的顾虑，谁知她竟一脸笑容地回答："妈只知道你是最吃苦的孩子，妈不爱听你说难，因为一吃苦便不难了。"我记住了妈妈的话。我有点口吃，有人告诉我，学好英语，首先要让舌头听自己的话，于是我常捡一枚石子含在嘴里，然后拼命背英语。舌头跟石子磨呀磨，有时血水顺着嘴角流了下来，但我始终咬牙坚持着。半年过去了，小石子磨圆了，我的舌头也磨平了，英语成绩进入全班前三名。我真感谢母亲，她的话激励我神奇地跨越了这个学习障碍。

1996 年我参加全国奥林匹克知识竞赛天津赛区的比赛，获得了物理一等奖和数学二等奖，将代表天津去杭州参加全国物理奥赛。“拿一个全国一等奖送给妈妈，然后参加世界物理奥赛去。”我抑制不住内心的激动，把喜讯和愿望写信告诉了母亲。结果我仅得了二等奖，我一头倒在床上，不吃不喝，尽管这已是天津市参赛者中的最好成绩，可要报答含辛茹苦的母亲，实在不够啊！回到学校，老师们帮我分析失败的原因：我总想数理化全面发展，主攻项目太多而分散了精力。如果我现在只攻数学，一定能赢。

1997 年 1 月，我终于在全国数学竞赛中，以满分的成绩获得第一名，进入国家集训队，并在 10 次测验中夺魁。按规定，我赴阿根廷参加比赛的费用须自理。交完报名费，我把必备书籍和母亲做的黄豆辣酱包好，准备工作就结束了。班主任和数学老师看我依然穿着别人接济的，颜色、大小不协调的衣服，打开储藏柜，指着袖子接了两次、下摆接了三寸长的棉衣和那些补丁连补丁的汗衫、背心说：“金鹏，这就是你全部的衣服啊?”我不知所措，忙说：“老师，我不怕丢人。母亲总告诉我‘腹有诗书气自华’，我穿着它们就是去美国见克林顿也不怕。”

7 月 27 日，奥赛正式开始。我们从早上 8 点 30 分到下午 2 点，整整做了 5 个半小时的试题。第二天公布成绩，首先公布的是铜牌，我不希望听到自己的名字；接着公布银牌；最后，公布金牌，一个，两个，第三个是我。我喜极而泣，心中默默喊道：“妈妈，你的儿子成功了。”我和另一位同学在第三十八届国际奥林匹克数学竞赛中分获金银牌的消息，当晚便被中央人民广播电台和中央电视台播出了。8 月 1 日，当我们载誉归来时，中国科协、中国数学学会为我们举行了隆重的欢迎仪式。此时，我想回家，我想尽早见到妈妈，我要亲手把灿烂的金牌挂在她的脖子上……那天晚上 10 点多，我终于摸黑回到朝思暮想的家。开门的是父亲，可是一把将我紧紧搂进怀里的，依然是我那慈祥的母亲。朗朗的星空下，母亲把我搂得那样紧……我把金牌掏出来挂在她脖子上，畅畅快快地哭了。

8月12日，天津一中礼堂里座无虚席，母亲和市教育局的官员及著名的数学教授们一起坐上了主席台。

那天，我说了这样一席话：

“我要用整个生命感激一个人，那就是哺育我成人的母亲。她是一个普通的农妇，可是她教给我的做人的道理却可以激励我一生。高一那年，我想买一本《汉英大词典》学英语。妈妈兜里没钱，却仍然答应想办法。早饭后，妈妈借来一辆架子车，装了一车白菜和我一起拖到40里外的县城去卖。到县城时已快中午了，我早上和妈妈只喝了两碗红薯玉米稀饭，此时肚子饿得直叫，真恨不得立刻有买主把菜拉走，但妈妈还是耐心地讨价还价，最后终于以一角钱一斤成交。210斤白菜应该换来21元，买主只给了20元。

“有了钱我想先吃饭，可妈妈说还是先买书吧！这是今天的正事。我们到书店一问书价，要18.25元，买完书只剩下1.75元。妈妈只给了我0.75元零钱去买了两个烧饼，说剩余的1元钱要攒着给我上学花。虽然吃了两个烧饼，等我们娘俩快走完40多里的回家路时，我已经饿得头晕眼花了。这时才想起，我居然忘了分一个烧饼给母亲，她饿了一天，为我拉了80里路的车。我后悔得想打自己耳刮子。

“母亲却说：‘妈没多少文化，可是妈记得小时候老师念过高尔基的一句话——贫困是一所最好的大学！你要是能在这个学堂里过了关，那咱天津、北京的大学就由你考哩。’

“妈妈说这话的时候不看我，看着那条土路远处，好像它真的可以通向天津、通向北京一样。我听着听着就觉得肚子不饿了，腿也不疲了……如果说贫困是一所最好的大学，那我就要说，我的农妇妈妈，她是我人生最好的导师。”

台下，不知有多少双眼睛湿润了，我转过身，朝我双鬓已花白的母亲，深深地鞠躬……

习惯物语

孝敬父母是中华民族的传统美德，也是热爱人民的具体表现。在现在社会里，有的人却忘了父母的养育之恩，不孝敬父母，这是一种十分缺德的行为。

对老师很尊重

中国自古以来，便非常注重“尊师重道”的美德，一直到今天，这仍是相当的重要。可是，由于时代的变迁，社会的演进，学生对老师的态度似乎也有了改变，尤其一些“耍老大”的学生，更忘了“尊师重道”是身为学生的本分，太不应该了。

在家中，有父母养育我们。在学校里，有老师传授我们学问和做人的道理，这种功劳和父母的养育之恩是同样的伟大。所以，我们应该像孝顺父母一样，好好尊敬老师才对。

毛泽东一生中十分重视待人接物的礼节礼貌，是继承和发扬中华民族优良道德传统的楷模。毛泽东尊敬老师的故事是十分感人的。徐特立老人是毛泽东同志青年时代的老师，当徐老60寿辰时，身为党中央主席的毛泽东同志写信向徐老祝贺：“你是我20年前的先生，你现在仍然是我的先生，将来必定还是我的先生……”这表现出身为领袖仍不忘尊敬老师的高尚品德。1959年毛泽东同志回湖南韶山时，特地邀请家乡的一些亲友长辈一起吃饭。吃饭时，毛泽东同志站起来说：“今天，我给诸位敬酒！”老人们忙说：“主席敬酒，岂敢岂敢！”他笑着说：“敬老尊贤，应当，应当！”说着给老人一一斟酒，毛泽东同志敬老尊贤、热爱故里乡亲的心灵是多么美好啊！

习惯物语

你还记得李商隐的“春蚕到死丝方尽，蜡炬成灰泪始干”这两句诗吗？老师是辛勤的园丁，他们用一切时机来浇灌祖国的花朵，所以要怀着一颗感恩的心，用自己的行动表达对老师的尊重，说一声：“老师，您辛苦了！”

总是礼貌待人

中国曾有“君子不失足于人，不失色于人，不失口于人”的古训，意思是说：有道德的人待人应该彬彬有礼，态度不能粗暴傲慢，更不能出言不逊。礼貌待人是我们中华民族的优良传统。

礼貌待人是指人们在与他人交往的各种行为处境中所应有的品行和礼仪，是处理人与人之间关系的社会公德之一，也是文明行为中最起码的要求。在社会主义社会里，礼貌待人体现出对他人的尊重，反映出人与人之间平等与友好的关系。

与他人交往，要有尊重他人和友善的态度，礼貌待人的言谈举止就承载着“尊重”和“友善”的信息。一个没有礼貌的孩子，是不受欢迎、不讨人喜欢的孩子，就相当于关上了与他人进一步交往与合作的大门。尤其是与人初次交往的时候，礼貌待人更加重要。可见，有了礼貌待人的行为习惯，是他学会做人、学会做事的基础，对他将来为人处事有很大的益处。

有的同学缺乏礼貌，日常生活中就能听见人们常说的一句话：“这孩子真没教养”或者“这孩子真没修养”。其实，“没教养”是对父母缺乏良好家庭教育的批评，“没修养”是对孩子行为不检点的批评。是否礼貌待人不仅代表了个人形象，也代表一个家庭的形象。

周恩来总理不仅是一位才华卓越的国家领导人，也是礼貌待人的光辉典范。周恩来总理非常尊重、以礼相待身边的工作人员。当服务员给他送来东西的时候，他总是放下手头的工作双手接过，如果不方便的话，他就微笑点头表示感谢。到外地视察工作的时候，他总是与普通工作人员一一握手问好，并说："辛苦了，谢谢!"在国际交往中，他也是彬彬有礼。不仅代表了国家的形象，为我国赢得崇高声誉，他个人也深受国际友人的崇敬和爱戴。美国前国务卿亨利·基辛格说："我生平只遇到过两三位给我印象最深刻的人物，周恩来总理是其中之一。他温文儒雅、从容自如，举手投足之间魅力无穷。"

习惯物语

礼貌是一种语言。它的规则与实行，主要要从观察，从那些有教养的人们举止上去学习。

有储蓄习惯

小朋友虽然不会赚钱，但是如果把每年的压岁钱、零用钱等，全部加起来也是一笔不小的财富。家长除了帮孩子用这些钱规划投资商品外，也应该告诉他们这些钱该如何储蓄或花费。

美国有一本畅销书叫做《钱不是长在树上的》，这本书的作者戈弗雷在谈到储蓄原则时指出：孩子们可以把自己的零花钱放在3个罐子里。第一个罐子里的钱用于日常开销，购买在超级市场和商店里看到的"必需品"；第二个罐子里的钱用于短期储蓄，为购买"芭比娃娃"等较贵重物品积攒资金；第三个罐子里的钱则长期存在银行里。为了鼓励孩子存钱，可以陪孩子一起去银行存钱，并以孩子的名义开一个户头。当孩子在铅印的存单或存折上见到自己的名字时，会使他们感到自己长大了，变得重要了。把钱存入银行的另一个好处是：它能使孩子们充分理解钱并不是随便地就可以从银行里领出来，而是必须先挣来，把它存到银行里去。以后才能再取出来，而且还会得到多出原来存入的钱的利息。

在美国，有位年轻人从宾州的农业区来到费城，进入一家印刷厂工作。他的一位同事在一家储蓄公司开了一个户头，养成了每周都存款5元的习惯。在这位同事的影响下，这位年轻人也在这家储蓄公司开个户头，3 年后他有了 900 元的存款。这时，他所工作的这家印刷厂发生财务困难，面临倒闭的命运。他立刻拿出以小钱不断存下来的这 900 元钱来挽救这家印刷厂，也因此获得这家印刷厂一半的股份。他采取了严密的节约制度，协助这家工厂付清了所有的债务。到了后来，由于他拥有的一半股权，所以每年可以从这家工厂里拿到 25000 多元的利润。

这位年轻人，应该说是一位成功者。但他的成功，做梦也没想到是由每周存几元钱而引起的。实际上，有了一定的储蓄，就多了一定的机会，当机会来临时，就有一定的资金来做铺路石来引导成功。

还有一个青年在某外资企业做事，从进厂起就养成了良好的储存习惯，几年下来，已有几万元的存钱。随着经济的发展，信息的交流越来越重要。这位青年看准市场，毅然辞去外企工作，租了两间房屋，购置了两台电脑，搞起了小型信息服务中心。两年下来，获利几十万元，公司也由当初的两人发展到十几人，自己还做了个小有名气的经理。这也许正是人们梦想中的成功方式。

养成了良好的储存习惯，就可以积少成多，就能为以后做自己的事业奠定物质基础。

华尔街股票大王的幼年经历，会给今天的父母有所启迪。

被称为股票神童的司徒炎恩 14 岁便扬名华尔街。9 岁的他在妈妈的生日时，送了一个生日卡送给她，写道："我没有钱买礼物，但我可教你如何投资。"另外写了一封信，说如果有几十元钱可以买股票，有 4000 多元钱便应该买房子出租。他十二三岁就想自己买股票，结果，股票行不让儿童买股票，到 14 岁那年，司徒炎恩用储蓄下来的 100 美元买了一家电脑软件公司的股票，股票价格大涨，3 个月之后，他把股票卖掉，净赚 800 美元。1993 年在父母的同意下，他向家人、亲戚及要好的朋友借钱，共集资 2 万美元，成立了自己的基金公司，15 岁的司徒炎恩成为该基金公司的经理。

3 年之中，他的基金每年均有 3 成多增长，1996 年达到 4 成增长。后来，他父亲把自己十多万美元的退休金交他管理，这位年轻的基金经理正管理着 20 万美元，他打算积极吸纳投资者，5 年赚到 2000 万美元。

从股票神童司徒炎恩给妈妈的生日礼物，可以看出西方有些孩子有较强的金钱观，甚至高过上辈人。司徒炎恩生在著名国际大都市的香港，长在商品经济高度发达的美国，金融中心的香港和拥有占全国人口40%的股民的美国对司徒炎恩有着巨大的影响和熏陶，纽约金融中心——曼哈顿，以及全球最大的证券公司——美林公司是他成长的土壤。司徒炎恩经常出入曼哈顿，在美林证券公司打工，为他成长创造了良好的外部环境。

从小养成的好习惯和美德会让人受惠一生。

犹太人拉比犹大说："关键不是你能够挣到多少钱，而是你能留下多少钱，你能让钱怎样努力地为你工作——就是理财。"

在相关的记载上有这样的一段记录：

孩子3岁时，能够辨认硬币和美元纸币。

孩子4岁时，知道每枚硬币是多少美分，认识到我们无法把商品买光，因此必须做出选择。

孩子5岁时，知道基本硬币的等价物，知道钱是怎么来的。

孩子7岁时，知道找数目不大的钱，能够数大量的硬币。

孩子8岁时，能够通过做额外工作赚钱，知道把钱存进储蓄账户中。

孩子9岁时，能够制定简单的一周开销计划，购物时知道比较价格。

孩子10岁时，懂得每周节省一点钱，以备大笔开销使用。

孩子12岁时，能够制订两周开支计划，懂得正确使用银行业务中的术语。

从小养成储蓄的习惯对其一生都有教育意义。

习惯物语

储蓄是一种好习惯，从小就应养成良好的储蓄习惯。

不乱花钱

孩子所用的每一分钱都是父母亲的血汗钱，所以无论在生活中或学习中都要节约每一分钱。作为家长，要想让孩子成才，就不必给孩子太多的钱。

说起来也许没有人相信，许多家庭里，最有钱的是孩子。现在做了父母的中国人中，许多人都有过苦日子的经历，都记得自己曾经一天只能挣几角钱的日子。在这些人的记忆中，一张10元的钞票是一笔了不起的财富，轻易花掉，多少有些犯罪的感觉。可是，如果你现在把一张10元的钞票放在孩子面前，他也许不屑一顾。

欧内斯特·海明威是美国著名作家，有一段时间，住在加利福尼亚州的太阳谷，此时，他致力于小说《丧钟为谁而鸣》的创作之中，同时，还关心着三个儿子的健康成长。

儿子格雷戈里每天都在一家饭店订一份大餐，然后把这份大餐拿去喂附近池塘里的鸭子。若干年以后，他在《爸爸：一本个人回忆录》中写道：

爸爸把我们叫到他的房间里，当时我们十分害怕。虽然他对我们从不发火，但是他严肃的外表让我们感到非常害怕。

“基格，我还没有告诉你有关金钱方面的事呢。

“实际金钱并没有什么价值，但你可以用它买到许许多多自己喜爱的东西。当你在买许多自己喜欢的东西时，就好像在花我给你发一角的零花钱一样。

“事实上，我们并不是一直有那么多的钱，因此你必须感到满足才行。如果你不明白这些道理，将会对你以后的发展有直接的影响，会影响你树立正确的价值观、人生观。

“很快你就会发现，金钱不是轻而易举就能挣来的。等你长大之后就会明白的。

“管理这个地方的安德森先生是一位好人，”爸爸接着有点生气地说，“他说你这样一个9岁的孩子，每个月在这里花的钱都破纪录了。即使是富翁阿加尔汉的孩子，也没有花你这么多钱。”

随后，爸爸又严肃地说：“如果你还是这样毫无节制花钱的话，那么我们可真得要搬走了。”

听完爸爸说的话，我的脸一下子红了。不过我还是喏喏地问了一下父亲，以后谁去喂那些鸭子。

爸爸语气有些舒缓地说：“安德森先生并没有让我们必须离开这里，他只是让我和你谈谈。所以，以后你不要在支票上填写那么大的数额。更不要无缘无故地大把花钱。

“射鸭比赛是比较有趣的，到时候我们会一起去的。

“好了，马上吃饭了，你想吃多少，就吃多少。只是烤鸡还有烤肉串不要吃得太多。

“从下个月开始，我会限制你花钱，每个月300元以内。”

“听着，基格，这就意味着你以后不能再毫无节制地乱花钱了。”

教育孩子节约，就是让孩子懂得金钱是劳动换来的，节约金钱就是对父母劳动的一种珍惜和尊重。

做铁匠的父亲，含辛茹苦地养着一个儿子。可是这独生子并不成器，花起钱来毫无节制。父亲终于忍不住了，将儿子逐出家门。要他去尝尝挣钱的苦头。

母亲心疼儿子，偷偷地塞给儿子一把铜板。儿子在外面溜达了一天。晚上，他把铜板交给父亲：“爸，这是我挣的钱。”父亲把铜板拿在手上掂了掂，生气地说：“这钱不是你挣的！”说着就丢进了熔炉。

儿子无奈，只好来到农场里，当他付出了一身臭汗一身泥的代价之后，农场主给了他半把铜板。儿子兴冲冲地回到家里，把铜板交给了父亲。

没想到这次父亲看都不看一眼又丢进了熔炉！儿子立即暴跳如雷，他一边吼叫着一边竟向红彤彤的熔炉扑去！父亲一把拉住他，良久，露出一脸神秘的笑容：“孩子，你终于知道心疼这些钱了，我相信，这钱才是你挣的。”

金钱的真正价值，常常不在于它本身的面值，而是取决于它背后的艰辛——不劳而获的，即使化烟、化灰也毫不心痛；而那些让人弥足珍贵的，必定与自身血汗相关！

家庭条件好，对孩子是好事，也是坏事，这就看怎么引导孩子花钱，这是每个家长都不得不面对的问题。

习惯物语

从现在做起，节约每一分钱！

懂得自我保护

自护自救的能力要从小培养，小朋友要学会独立生活、独立做事，所以就要学会保护自己。当你们碰到坏人或其他危险时，你会保护自己吗？我们给出的建议是：

一、如果你独自走在回家的路上，有陌生人尾随你时，千万不要慌，可以跑到人多的地方把“尾巴”甩掉；如果那人紧跟着不放，你可以大声呼救，或者赶快去告诉警察。要注意，千万不能让陌生人尾随着你回家，更不要逃到废弃房屋、死胡同等没人的地方。

二、如果你住的楼房着火，一摸家门的把手已经烫手，这说明外面的火势很大了。这时候，你千万不要出门，而要马上用水把全身的衣服弄湿，用湿毛巾捂住口鼻，迅速地把一张床单撕成一条条的布条，编成绳子，一头捆在暖气管上，一头捆在自己的腰上。捆结实了，你就爬出窗户，等待消防队员来救你。

三、如果你独自乘坐公共汽车，有人对你无礼，你要大声叫喊，千万不要害怕。你大声叫喊，坏人反而害怕了，就不会再纠缠你了。

四、如果你外出游玩，也一定要注意安全，远离危险，不要让自己伤着、碰着。假如发生了意外，比如身上起火，你也不必惊慌，只要就地打几个滚儿，身上的火就会灭掉。

五、如果你发生骨折，要马上用凉水敷，不要用热水，以免血管扩张、红肿，最好还要用硬板固定住伤处，等着医生帮你做治疗。

六、如果你单独外出，要确保安全，不要把贵重物品随意显露出来，最好不要穿价格昂贵的服装、鞋子上学，更不要带太多的钱出门，不要独自去游戏厅玩，小心被不怀好意的人勒索钱财。

天津南开小学 11 岁的谢尚逸就能凭着勇敢和智慧死里逃生。谢尚逸跟随父母从浙江温州来到天津上学，他的姑姑经营的鞋业买卖兴隆，家乡人都挺羡慕他们。但也有 4 个坏家伙起了罪恶的念头，妄图绑架小尚逸，敲诈他们家的钱财。

一天凌晨，4 个坏蛋隐藏在谢尚逸上学的途中，并用温州话叫住了背着书包上学的谢尚逸。

“我们是老家来的，给你姑姑捎来一盘录像带，给你拿走。”几个人说着，把小尚逸引到早已准备好的一辆桑塔纳轿车前。等尚逸刚刚靠近，他们便冷不防将他推进汽车里疾驶而去。

谢尚逸顿时明白了，自己的处境十分危险。他先央求对方说：“叔叔，我还得考试呢，你放了我吧!”

歹徒说：“你再说话，就弄死你!”

聪明的小尚逸没哭也没闹，心里一直盘算着怎样脱离虎口。首先，他想到的是应该让家长及时知道自己的情况。于是，他央求说：“能不能告诉我爸爸一声，我今天考不成试了。”

歹徒自以为实施敲诈的机会到了，便问了谢尚逸家里的电话。7 点 40 分，他们打通了谢尚逸父亲的电话，称小尚逸被绑架了，让谢尚逸的父亲交出 50 万元的赎金来换回谢尚逸。

8 点左右，家人向管界派出所报了案。南开公安分局刑侦支队一大队迅速开展全面侦查。

从上午 10 点到下午 4 点，歹徒多次打电话威胁谢家，最后双方约定在北京某地交钱。南开分局刑警迅速赶往北京，会同北京的警方在约定地点守候了 5 个小时。

下午 3 点多，谢尚逸被歹徒押到保定郊区事先准备好的一间 8 平方米的小平房里。歹徒把小尚逸的手脚死死捆住，将他扔在地上。

“哎哟!”小尚逸大声喊着痛，“我被绳子勒得血液不通，一会儿死了，我爸爸肯定不给你们钱。”

歹徒一听，怕一旦谢尚逸真的死了，自己的计划也落空了，便将他手脚上的绳子松了松，把一床棉被铺在地上，把他放在了上面。歹徒们将门锁上，开车去北京接钱了。

小平房的窗子已经用木板钉死了，里面黑得吓人。可是小尚逸很镇静，他静静地躺在棉被上倾听着外面的动静。

外面一点声音也没有了，谢尚逸确认歹徒们已经走远，就用舌头慢慢地顶出堵在嘴里的破布，然后使劲儿扭动着身体，蹭到屋内唯一的一个立柜前，用立柜的角拼命摩擦着绑在胳膊上的绳子……整整 2 个小时，终于将双臂上绑着的绳子磨断。谢尚逸又解开脚上的绳子，走到窗户前，使劲儿地掰窗户上钉着的木板。终于，他将一块木板掰了下来。

可以逃出去了！谢尚逸没有忘记自己的书包，他先把书包扔出窗口，自己才跟着钻了出来。

他快步离开小平房，匆匆往前走。他低着头走着，不向任何人问路，直到看见迎面走来一位老大爷，他才上前求救。

“老大爷，您好！我想问一下，这是哪儿?”

“这是保定啊!”老大爷十分惊讶。

“老大爷，我被人绑架了，您能帮助我吗?”

“那得上公安局啊!”

“我是被人从天津绑来的，求求您救救我吧!”说完，谢尚逸向老人深深地鞠了一躬。

老人说：“孩子，快过来，我帮你想办法。”

老人托人将小尚逸送到了派出所。保定市警方立即通知了天津警方。

天津南开分局刑侦支队一大队，迅速派人赶到保定接小尚逸，并在那间小平房附近埋伏下来。

第二天凌晨，3 名从北京取钱返回的歹徒被抓获。公安干警又顺藤摸瓜赶到石家庄，将另一个准备接应的歹徒抓获。

从案发到破案，仅仅用了 22 个小时。大家都夸奖谢尚逸的机智勇敢，帮助警方迅速破获了这起绑架案。

天津南开区南开小学召开大会，表彰四年级的学生谢尚逸在“3·7”绑架案中，智斗歹徒、巧妙脱身的英勇行为，称他是“机智勇敢好少年”，并号召全校师生学习他的勇敢精神。

听了谢尚逸的故事，你一定也很佩服他吧！他的确很棒！

谢尚逸被绑架后临危不惧，遇险不慌，他首先想到要跟家中取得联系，依靠父母来救他，这是他最聪明的地方。假如他不知道家中的电话号码，或不能想出好主意骗歹徒给爸爸打电话，他就有可能受到伤害。

另外，他逃出来后，能沉着镇静地处理事情，选择向可靠的老人求救，获得了有效的帮助，这又是他智慧的表现。假如他跑出来后慌里慌张，找错了人求救，也许会再入虎口。

习惯物语

我们可以看到机智和勇敢是自救的武器，知识与能力是自护的法宝。我们要从小学会自护自救。

对人有爱心

“生活中不是缺少美，而是缺少发现”。这是法国著名作家罗曼·罗兰的名言。美和爱，时时刻刻都在我们的生活中。但是，有的人能发现，有的人却视而不见，这是怎么回事呢？

原来，人们看世界的角度不同，方法不同，结果也就不一样。只有怀着爱的情感、用爱的眼光看世界，才会发现美，感受美。有个藏族小姑娘叫意娜，小小年纪就成为小画家、小诗人，正是因为她热爱生活，纯真善良，总是用爱的眼光去看待周遭的一切，用爱的心情去感受生活，于是，她发现了美，画出了美的画，写出了美的诗。

一个人要想获得成功，活得幸福，首先要有一颗爱心，热爱生活，热爱大自然中的一山一水、一草一木和每一种小动物。

有了爱的情感，你会发现周围有许多人都在爱你、关心你！你不仅能从父母、老师的赞美中发现爱，也能从他们的批评中感受到爱。在课堂上，你会从老师的目光中发现爱，从每一天的作业中感受到爱。你去商店买东西，乘公共汽车去上学，你会从售货员的微笑中发现爱，从售票员清脆的报站声中感受到爱……

有了爱的情感，你会发现妈妈每天为你起早做饭，虽然很平常，但那是爱；爸爸监督你学习很严厉，但那是爱；老师要求你很严格，那也是爱。

总之，爱就在我们的生活中，就看你能不能发现！

我国老教育家刘绍禹曾经说过：“不要太关心儿童，太关心了容易养成孩子的自我中心心理，结果变成自私自利的人。”有一位 8 岁的小女孩在日记里写道："爸爸妈妈都说我是太阳，可是我宁愿做星星。因为星星有好多好多朋友。"星星不会孤独，星星会互相关心，互相爱护，努力发出自己的光彩，照亮自己，也照亮别人，共同组成美丽而迷人的星空。这不正是我们所期望的孩子们手拉着手、互助友爱、建立充满着爱的世界吗？

孩子的自私在家庭里也许不容易看到，但来到一个集体里就非常分明。自私的孩子总怕自己吃亏，也绝不让自己吃亏。劳动时总是拣轻的活干，把脏活、重活给别人；发新书时，把好书留给自己，把破书留给别人；出去坐车时，他总跑在最前头抢占最好的座位，不管老师在那里站着，体弱多病的同学在那里站着。关心他人的孩子却恰恰相反，他首先想到的不是自己，而是别人。他不怕吃亏，乐于助人。

你一定知道高尔基的名字吧，他是前苏联一位伟大的文学家，他一生写过许多优秀的作品。

一次，高尔基生病了，到一个孤岛上养病。他的儿子来看他，临走时，在父亲住的房子周围撒下了许多花种。春天来了，鲜花开放了，高尔基的病也好了。他十分兴奋，给儿子写了一封信，信中说：

你走了，可是你种的鲜花却开放了。我望着它们心里想：我的好儿子在岛上留下了一样美好的东西——鲜花。要是你不管在什么时候、什么地方，留给人们的都是美好的东西，是对你非常美好的回忆，那你的生活该多么愉快呀！

高尔基的这封信告诉我们一个真理：播种爱、传播爱的人是最愉快的，是最受欢迎的。

你可能要问：我也很想成为一个愉快的人、受欢迎的人，我该怎样去播种爱，又该怎样去传播爱呢？能做的事情可多啦！

比如，你见到有困难的人，就主动走上去问："你有困难吗？我来帮助你！"当你付诸行动时，别人就会感受到温暖，人们能有这种感受，正是因为你在他心中播种了爱。

千万别忘了，别人帮助了你，你一定要微笑地说一声："谢谢！"对方会从你的微笑和感谢中感受到助人的快乐。

关心周围的人、帮助有困难的人是播种爱，传播爱，这是一种最基本的爱，是人人都应当具备的，在所有爱的情感中，最神圣最崇高的爱是对祖国的爱。

播种爱，传播爱吧！它能使你幸福，也能使你周围的人快乐、幸福。

一次，某幼儿园阿姨对她所教的中班小朋友进行心理测试，其中有这样一个题目：“一个小妹妹病了，冷得直哆嗦，你愿意借给她外衣吗?”结果孩子们半天都不回答。当老师点名时，第一个孩子说：“病了要传染的，她穿了我的衣服，那我也该生病了。我妈妈还得花钱。”第二个孩子则说：“我妈妈不让。我妈妈会打我的。”结果，半数以上的孩子都找出种种理由，表示不愿意借衣服给生病的小妹妹。可巧，这位老师的孩子也在该班，她实在不甘心这样的结果，就问自己4岁的儿子：“一个小朋友没吃早点，饿得直哭，你正吃早点，该怎么做呢?”见儿子不回答，她又引导：“你给他吃吗?”

“不给！”儿子十分干脆地回答。妈妈又劝：“可是，那个小朋友都饿哭了呀！”儿子竟然答：“他活该！”

这不是特例。在现实生活中，孩子们的有些举动足以让人瞠目结舌。究竟是什么使这些孩子这样冷酷无情？人们对爱心教育的忽视难辞其咎。

习惯物语

有些教育工作者把智力、分数看得过重，而有意无意地忽视了包括“同情人”、“关心人”在内的人性、人格教育。作为现代人，需要有强烈的竞争意识，更需要有以同情心、爱心等美好情感为内涵的人性美。

勤俭节约

在日常生活中，随处可以见到浪费粮食的现象。也许你并未意识到自己在浪费，也许你认为浪费这一点点算不了什么，然而现实绝对不容乐观。节约粮食，是我们每个公民应尽的义务，而不是说你的生活好了，你浪费得起就可以浪费。浪费是一种可耻的行为，只要存有节约的意识，其实做起来很简单：吃饭时吃多少盛多少，不扔剩饭菜；在餐馆用餐时点菜要适量，而不应该摆阔气，乱点一气；吃不完的饭菜打包带回家。

尽量减少对生态环境的压力已经成为一种新时尚，成为新时代人应该具备的一种品质。

社会将进入21世纪，物质生活今非昔比，到底要不要讲勤俭节约？答案是肯定的。怎样教孩子勤俭节约？我们先看看欧美国家的情况。他们的家庭收入普遍比我们高出许多，但是在教育孩子怎样节俭方面却有他们的独到之处。

美国一些百万富翁的儿子，常在校园里拾垃圾，把草坪和人行道上的破纸、冷饮罐收集起来，学校便给他们一些报酬。他们一点儿也不觉得难为情，反而为自己能挣钱而感到自豪。有的家庭经济并不困难，但仍然让八九岁的孩子去打工送报挣零花钱，目的是培养孩子自力更生、勤俭节约的习惯。美国著名喜剧演员戴维·布瑞纳中学毕业时，父亲送给他一枚硬币作为礼物，并嘱咐他："用这枚硬币买一张报纸，一字不漏地读一遍，然后翻到广告栏，自己找一份工作，到世界上闯一闯。""有钱难买幼时贫"、"穷人的孩子早当家"。后来取得很大成功的戴维在回首往事时，认为那枚硬币是父亲送他的最好礼物，它使戴维懂得了生活的艰辛，衣食的来之不易。

吴敬梓在《儒林外史》中为严贡生着墨最多，严家老大形象也更为丰满。但遗憾的是，由于故事情节震撼而被人牢记心头的却是弟弟严监生临死前捻灭两根灯草的场面，于是严监生变成为了吝啬鬼的杰出代表。让我们看看，严氏兄弟俩中谁是真节俭，谁是真吝啬吧。

严氏祖上应当属于略有积蓄的小康人家，父母过世后，严家兄弟二人草草分了家产，兄弟俩自此便不在一个屋檐下吃饭。严贡生家里人口相对较多，仅儿子就有5个，平日里不说奢侈也罢，但确实没有仔细盘算过如何度日。而严监生家里只有4口人，虽然从不摆阔，却被动"慷慨"地帮助哥哥用钱摆平了两起无耻的官司。单是严监生的大太太病逝后，留下的私房钱和利钱也有数千两银子，平日里请舅爷亲家来议事，严监生也动不动就是送个两三百两银子，可见家底要殷实许多。从父母那里分得一样的家产，获得相同的财富起步，为何数年经营后，财富却遭遇了不同的结局呢？

听听严监生跟自己的舅爷诉苦也许就能猜得一二了。严监生说道："便是我也不好说。不瞒二位老舅，像我家还有几亩薄田，日逐夫妻四口在家度日，猪肉也舍不得买一斤，小儿子要吃时，在熟切店内买4个钱的哄他就是了。家兄人口又多，过不得3天，一买就是5斤，还要白煮的稀烂；上顿吃完了，下顿又在门口赊鱼。当初分家，也是一样田地，白白都吃穷了。而今搬了家里花梨椅子，悄悄开了后门，换肉心包子吃。你说这事如何是好！”可见，严老大不知道家庭开支平衡的重要性，一味地追求生活享受，虽没有坐吃山空，但却落得个破败场景，搬得祖上传的黄花梨椅子从后门出去，却是换了肉包子来吃，说起来都上不得台面。相比起来，他的“不吝啬”让他真正地体验了生活的窘迫。

同胞兄弟二人，从祖上得到的遗产差不多，但是家境差距却越来越大，除却理财技巧之外，如何守财就成了富传二代后当务之急要学会的事情。严监生代表了守富的地主，他省吃俭用、量入为出，总算是能保住继承来的地产、田地和房屋；严贡生追求享受，活脱一个纨绔子弟，不要说创富，守富对他已经被证明是难事，多大的金山给他，他也会吃空。

人生活在这个世界上，无论是谁，都必须通过劳动创造出相应的财富和价值，贡献于这个社会，才有可能快乐地生存。有时俭朴的生活是一腔锤炼人意志的炉火，它可以促人自立，助人成熟。

扑朔迷离的洛克菲勒虽然聚敛了巨额财富，但自己的生活非常俭朴，而且时时刻刻都在给他的儿女们灌输他那一贫如洗的儿时的价值观。防止他们挥金如土的第一步就是不让他们知道父亲是个富人，洛克菲勒的几个孩子在长大成人之前，从没去过父亲的办公室和炼油厂。洛克菲勒在家里搞了一套虚拟的市场经济，称他的妻子为“总经理”，要求孩子们认真记账。孩子们靠做家务来挣零花钱：打苍蝇2分钱，削铅笔1角钱，练琴每小时5分钱，修复花瓶则能挣1元钱，一天不吃糖可得2分钱，第二天还不吃奖励1角钱，每拔出菜地里10根杂草可以挣到1分钱，唯一的男孩小约翰劈柴的报酬是每小时1角5分钱，保持院里小路干净每天是1角钱。洛克菲勒为自己能把孩子培养成小小的家务劳动力感到很得意，他曾指着13岁的女儿对别人说：“这个小姑娘已经开始挣钱了，你根本想象不到她是怎么挣的。我听说煤气用得仔细，费用就可以降下来，便告诉她，每月从目前的账单上节约下来的钱都归她。于是她每天晚上四处转悠，看到没有人在用的煤气灯，就去把它关小一点儿。”他不厌其烦地教育孩子们勤俭节约，每当家里收到包裹，他总是把包裹纸和绳子保存起来。为了让孩子们学会相互谦让，给4个孩子只买一辆自行车。小约翰长大后不好意思地承认说，自己在8岁以前穿的全是裙子，因为他在家里最小，前面3个都是女孩。

习惯物语

勤劳俭朴是一种立身、立家、立业的美德。

有好品德

在人的一生中，道德品格都会起作用，要么是你的宝库，要么是你前行的绊脚石。试想，如果你在年轻的时候就被人给你贴上一个不道德的标签，往后的路咱怎么走啊？只有以一种好的品德待人方可终生受益。

一位哲学家带着一群学生去漫游世界，10年间，他们游历了所有的国家，拜访了所有有学问的人，现在他们回来了，个个满腹经纶。

在进城之前，哲学家在郊外的一片草地上坐了下来，说：“10年游历，你们都已是饱学之士，现在学业就要结彩了，我们上最后的一课吧！”

弟子们围着哲学家坐了下来。哲学家问：“现在我们坐在什么地方？”弟子们答：“现在我们坐在旷野里。”哲学家又问：“旷野里长着什么？”弟子们说：“杂草。”

哲学家说：“对，旷野里长满杂草。现在我想知道的是如何除掉这些杂草。”弟子们非常惊愕，他们都没有想到，一直在探讨人生奥妙的哲学家，最后一课竟会问这么简单的一个问题。

一个弟子首先开口，说：“老师，只要有铲子就够了。”哲学家点点头。另一个弟子接着说：“用火烧也是很好的一种办法。”哲学家微笑了一下，示意下一位。第三个弟子说：“撒上石灰就会除掉所有的杂草。”接着讲的是第四个弟子，他说：“斩草除根，只要把根挖出来就行了。”

等弟子们都讲完了，哲学家站了起来，说，“课就上到这里了，你们回去后，按照各自的方法去除掉杂草。一年后，再来相聚。”

一年后，他们都来了，不过原来相聚的地方已不再是杂草丛生，它变成了一片长满谷子的庄稼地。弟子们围着谷地坐下，等待哲学家的到来，可是哲学家始终没有来。

若干年后，哲学家去世了。弟子们在整理他的言论时，私自在最后补了一章：要想除掉旷野里的杂草，方法只有一种，那就是在上面种上庄稼。同样，要想让灵魂无纷扰，唯一的方法就是用美德去占据它。

试想那些学生们的人生如果缺了这最后一课，即使学富五车又有多少意义。

有个人想成为大富翁，便到上帝那里乞求。上帝一时心热，便给了他一篮子品德。那个人苦恼地说：上帝呀，我要的是金钱呀！上帝说：没错呀！我给你的是品德。因为品德能使你换来金钱呀！那个人不解地回到人间，广泛散布上帝给他的东西。几年后，他果然成为一位大富翁。尽管这是人们杜撰的故事，但给人的启示是深刻的。

习惯物语

品德能够创造财富。

喜欢运动

列宁说，不会休息的人，就不会工作。体育锻炼作为积极休息方式的一种，在努力学习的过程中，一定不可放松体育锻炼，不可忽视休息对学习效率的特殊作用。也正因为这样，许多伟大的科学家，在置身于科学研究的同时，也非常重视锻炼自己的体魄。伟大的生理学家、诺贝尔生理和医学奖获得者巴甫洛夫是个酷爱体育运动、兴趣广泛的人。他常常从事划船、游泳、击剑、骑自行车等体育锻炼活动。他曾告诫人们：“科学需要一个人贡献出毕生的精力。假定你们每个人能够活两辈子，这对你们说来还是不够的。”他认为一个人要造福人类，就“必须身体健康、精力充沛、智力聪颖……”在他87岁高龄时，仍然精力旺盛。可以这样说：巴甫洛夫一生伟大的业绩，有一半是得益于他健康的身体。

镭的发现者，杰出的女科学家居里夫人，一生曾两次获得诺贝尔奖，她不仅是一位杰出的科学巨人，也是一位游泳爱好者。居里夫人一生献身科学，她没有给儿女们留下万贯家产，但她却自豪地说：“我给他们留下的最大财产就是健康的身体。”

此外，物理大师密立根、康普顿，“盘尼西林”的发明者弗莱明等许多科学家，都十分重视体育锻炼。据有人统计，从1901年至今，诺贝尔奖金获得者已有三四百人，他们当中体育爱好者占60%以上，有的体育造诣还相当高。

某小学六年级（2）班杨子同学，三年级时体育成绩是年级倒数几名，到五年级时已经加入到体育优秀生行列。大家都很惊奇，他为什么能有这样的转变呢？在他入学的时候身体状况极差，是个超重、中等肥胖的学生，他很不甘心。为了摆脱这种状况，在学校里，他跟着学校田径队一起跑步锻炼，在家里，他又要爸爸妈妈督促他每天早晨或者晚上跑步锻炼。日复一日，从不间断。经过长期的刻苦训练，他逐渐地从胖墩的行列中跳了出来，并在校运动会、环湖越野赛中获得较好名次，使同学和老师对他刮目相看。

有位伟人说过：“坚实在于锻炼，锻炼在于自觉。”

为了增强身体素质，大概每个人都曾经设想过要好好锻炼身体。但是，“三天打鱼，两天晒网”的锻炼习惯使许多人都荒废了自己的锻炼计划。结果，不仅体质没有得到根本的改变，反而逐渐养成了做事一拖再拖、说话不算数的坏习惯。要获得好的锻炼效果，三天打鱼，两天晒网是不行的，必须长期坚持，养成每天锻炼身体的好习惯，才可能从锻炼中收到很好的效果。

大脑是学习的机器，机器好，学习效率才会高。要想保持清醒的头脑，每天进行适当的体育锻炼是必不可少的。也许你会说，我们每天的学习都那么紧张，根本没有时间锻炼身体。其实，学习和锻炼并不矛盾。因为，运动时脑细胞的活动有所转换，管体育活动的脑细胞兴奋，管思考的脑细胞得到休息，有助于消除大脑的疲劳。文武之道，一张一弛，体育活动实际上是一种积极的休息。为了能拥有一个健康的身体，那我们该怎么做呢？

一、有效利用在校的体育活动时间。比如，认真上好课间操和体育课。要知道，这段时间就是专门用来锻炼的，自己也无法做其他事情。与其马马虎虎对待，不如积极认真锻炼，达到健身的目的。

二、给自己制定一个体育锻炼时间表，或者安排一项便于操作的体育锻炼内容，利用每天的零碎时间进行锻炼。

三、在家里置办一些体育活动用具。比如：羽毛球拍、乒乓球拍、小哑铃等，在学习的中途，起身活动一下。

四、周末或者晚上可以多到户外去锻炼。如和爸爸妈妈一起打羽毛球、散步，或者利用小区里的健身器材活动一下，既可以锻炼身体，又增加了和父母沟通的机会。

五、室内新鲜空气少，长时间的学习会增加脑力活动的负担，因此要多到室外活动。比如，下课时到操场上走走，晚饭后和父母外出散步，假日里到郊外踏青等。

青年时代的毛泽东经常用特殊的方式锻炼身体，寒冬季节，他用学校水井的冷水擦身；大雨滂沱，他就在野外奔跑；江水滔滔，他就去游泳搏击风浪。他甚至琢磨出一套强身健体的运动体操，四处向朋友和同学推广。

青年时代他在湘江中游泳的时候，差点被浪涛淹没，被同学救起来后，毛泽东写了一首诗，诗中说："自信人生二百年，会当水击三千里"。这首诗后来遗失了，但他在晚年却常常对人谈起这两句。

1954 年夏天，毛泽东在北戴河游泳时，遇上大风。他不仅迎浪畅游，还对人说："七级台风，我在北戴河的大海里游泳很舒服。"他诗兴大发，在《浪淘沙 · 北戴河》词中写道："大雨落幽燕，白浪滔天。秦皇岛外打鱼船，一片汪洋都不见，知向谁边？往事越千年，魏武挥鞭，东临碣石有遗篇，萧瑟秋风今又是，换了人间。"

喜欢游泳的毛泽东还渴望到国外的其他河流中去游泳。

1960 年，他和来访的尼泊尔首相柯腊拉伊谈起了到尼泊尔游泳的设想，毛泽东还说：我也想到恒河去游一游，只要让我游，我一定去。

也是1960年，毛泽东又和来访的老朋友斯诺谈起了游泳。

斯诺说："1936年在延安，您曾说过想到美国的江河去游泳，不知您现在还有没有这个兴趣。"毛泽东笑了笑回答："我希望在不太老之前，到密西西比河去畅游一番。如果华盛顿政府同意，我可以在几天之内就去，完全只作为一个游泳者，不谈政治，只在密西西比河游一下。"

习惯物语

健康的身体，可助你研究学问精力专一，可助你提高心理健康水平。所以，在学习文化本领的同时，一定要注重体育锻炼，增强体质，促进自己全面发展。

培养学习上的好习惯

凡是学习成绩好且稳定的孩子，大都从小养成了良好的学习习惯；而成绩不理想的孩子，往往在这方面有所欠缺。以下是几个重要的良好学习习惯：提前预习、专心听讲、经常阅读、及时复习、勤于动笔、爱提问题等。

学习认真刻苦

做任何事情，只要是认真地去做了，就没有不能做的事，就没有做不到的事。在对待学习这件事上，只要能够认真去做，就没有克服不了的困难，就没有克服不了的惰性。

认真的对立面就是惰性，懒惰就像一剂慢性毒药，让人丧失斗志，日渐消沉。惰性人人都可能有，但许多孩子在学习中所反映出来的那种懒惰的思想行为尤其令人担忧。

上课听讲像听评书，不动笔、不动脑、不做记录；

写作业、交作业拖拖沓沓；

做题不抄题目，不写过程，只有答案；

念书有气无力；

假期作业不到最后时刻不会去做；

抄写课文用省略句代替。

诸如此类的懒惰习惯导致孩子在学习上不思进取，不求上进，缺乏刻苦精神，逐渐丧失了学习的动力，对学习不感兴趣。长此以往，孩子就会离学习这个圈子越来越远，精神萎靡不振，意志消沉。

小丽的成绩非常好，而且看上去学得一点儿也不吃力，别的同学看她学得这么轻松，简直羡慕死了，纷纷向她请教。用她常说的一句话是：在学习的时候，我都十分认真地投入，非常专注。

为了根据不同的要求掌握不同的知识，她把需要掌握的知识点分为“理解”、“运用”和“熟练掌握”三种。在课堂上她认真地听，课后别人每天回家先写作业，她则先复习课堂上做的笔记，对照书里的例题，直到透彻地理解了再开始写作业，就能非常轻松地做完了。每天写完作业，她只用10分钟的时间把新的和旧的知识点都画到一张结构图上，是完全不看书画下来的，画的时候就等于把以前的知识温习了一遍，同时把新知识和旧知识有机地联系了起来。

她每天还留出了半个小时的时间用来补漏洞。她把所有测验和作业中做错过的题都单独抄到一个本子上，每天补漏洞的时候，就从里面挑题目做，故意挑那些看起来比较生、印象不是很深的题，做对一次打一个勾，做错一次打一个叉，当一道题目能连续得到三个钩，她就能够完全地掌握它了。

她无论是在做作业的时候，还是在复习的时，该记忆的都认真地记忆，每次作业都认真地做并及时地上交，对待学习她从来不马马虎虎。为此，老师还表扬过小丽。

习惯物语

知识是在不断学习的过程中积累起来的，只有认真地学习，才能更好地理解知识。

学习勤奋努力

勤奋不是天生就有的，而是后天养成的。产生勤奋的原因有多种，有的是心怀抱负和信念，也有的是因为某种原因或在某些事情上受挫，从而勤勉起来了。下面的故事就能给我们以启迪。

华罗庚说："勤能补拙是良训，一分辛劳一分才。"勤奋能越过暂时的失败和挫折，取得最后的成功。

约翰·亨特曾自我评论道："我的心灵就像一个蜂巢一样，看来是一片混乱，杂乱无章到处充满嗡嗡之声，实际上一切都整齐有序。每一点食物都是通过劳动在大自然中精心选择的。"英国物理学家及化学家道尔顿不承认自己是什么天才，他认为他所取得的一切成就都是靠勤奋点滴积累而成的。

牛顿是世界一流的科学家。当有人问他到底是通过什么方法得到那些非同一般的发现时，他诚实地回答道："我总是思考着它们。"还有一次，牛顿这样表述他的研究方法："我总是把研究的课题置于心头，反复思考，慢慢地，起初的点点星光终于一点一点地变成了阳光一片。"正如其他有成就的人一样，牛顿也是靠勤奋、专心致志和持之以恒才取得巨大成就的，他的盛名也是这样取得的。放下手头的这一课题而从事另一课题的研究，这就是他的娱乐和休息。牛顿曾说过："如果说我对公众有什么贡献的话，这要归功于勤奋和善于思考。"

伟大的哲学家开普勒也这样说过："只有对所学的东西善于思考，才能逐步深入。对于我所研究的课题我总是追根究底，想出个所以然来。"

培养勤奋的学习态度是很关键的。一旦养成了一种不畏劳苦、敢于拼搏、锲而不舍、坚持到底的劳动品质，无论我们干什么事，都能在竞争中立于不败之地。

没有人能只依靠天分成功。上帝给予了天分，勤奋将天分变为天才。

曾国藩是中国历史上最有影响的人物之一，但他小时候的天赋却不高。有一天他在家读书，对一篇文章重复不知道多少遍了，可还在朗读，因为他还没有背下来。这时候他家来了一个贼，潜伏在他的屋檐下，希望等读书人睡觉之后捞点好处。可是等啊等，就是不见他睡觉，还是翻来覆去地读那篇文章。贼人大怒，跳出来说："这种水平读什么书？"然后将那文章背诵一遍，扬长而去！

贼人很聪明，至少比曾先生要聪明，但是他只能成为贼，而曾先生却成为后人钦佩的人。

“勤能补拙是良训，一分辛苦一分才”。那贼的记忆力真好，听过几遍的文章都能背下来，而且很勇敢，见别人不睡觉，居然可以跳出来“大怒”，教训曾先生之后，还要背书，扬长而去。但是遗憾的是，他名不见经传。曾先生后来启用了一大批人才，按说这位贼人与曾先生有一面之交，大可去施展一二，可惜，他的天赋没有加上勤奋，变得不知所终。

伟大的成功和辛勤的劳动是成正比的，有一分劳动就有一分收获，日积月累，从少到多，奇迹就可以创造出来。

据说，清末时梨园中有“三怪”，就是靠勤学苦练而成才的。

瞎子双阔自小学戏，后来因疾失明，从此他更加勤奋学习，苦练基本功，他在台下走路时需人搀扶，可是上台表演时却寸步不乱，演技超群，终于成为功深艺湛的名人。

另一位是跛子孟鸿寿，幼年身患软骨病，身长腿短，头大脚小，走起路来很不稳当。于是，他暗下决心，勤学苦练，扬长避短，后来一举成为丑角大师。

还有一位是哑人王益芬，先天不会说话，平日看父母演戏，默记在心。虽无人教授，但他每天起早贪黑练功，长年不懈。艺成后，一鸣惊人，成为戏园里有名的武花脸，被戏班子奉为导师。

天才来自勤奋，就梨园“三怪”来说，他们各自都身带残疾，他们为什么能够成才呢？这是因为他们不被自身的缺陷所压服，身残的压力让他们更加坚定了人生的信念，看似失败的人生，实际还有通向成功的途径，他们身残志坚，扬长避短，再加上勤奋，于是他们从勤奋中创造了最好的自己，同时也成就了一番事业。

习惯物语

“宝剑锋从磨砺出，梅花香自苦寒来”，大凡有作为的人，无一不与勤奋的习惯有着难解难分的渊源，只要勤于学习，就会有成功的希望。所以，我们应该勤勉地学习，无论什么压力，都要有勇气战胜它。

不耻下问

“海纳百川，有容乃大”。一个人的力量总是渺小的，一个人所知道的极少，所能知道的也有限，总有比自己在某些方面强的人，总有自己不懂的事，那就必须得问。不要让虚荣心堵住了自己的嘴，堵住了自己的嘴，也就堵了开启智慧的门。在工作中有虚怀若谷的精神，是会受益终生的。

无论做什么事情，虚心很重要。虚心就是谦虚的心，对任何人的意见都能接受的心。当然不能迷失自己，让人牵着鼻子走。要一方面坚持“主体性”、“自主性”，一方面虚心接受别人的意见，才能走向成功的路。

有个年轻人在河边钓鱼，他看很多人都在这里钓，觉得这里应该是有很多鱼才对。在他邻旁坐着一位老人，也在钓鱼，二人相距并不远。年轻人钓了半天，奇怪的是一条鱼也没有钓上来，而那个老人却不停地有鱼上钩。一天下来，年轻人一无所获。

天黑了，那位老人要走了，年轻人终于沉不住气，问他：“我们两人的钓具是一样的，钓饵也都是蚯蚓，选择的地方也相距不远，可为何你钓到了这么多条鱼，我却一无所获呢?”

老人笑笑：“年轻人，这你就要多学学了，我钓鱼的时候，只知道有我，不知道有鱼；我不但手不动，眼不眨，连心也似乎静得没有跳动，这样鱼就不会感到我的存在，所以，它们咬我的钩；而你呢，在钓鱼的时候，心浮气躁，心里只想着鱼赶快吃你的饵，眼死盯着鱼漂，稍有晃动，就起钩，鱼不让你吓走才怪，又怎会钓到鱼呢?”

年轻人知道了自己的不足，第二天钓鱼的时候就尽力稳住自己的情绪，果然大有收获，虽然还是没有那个老人钓的鱼多，但比起第一天来实在可以说是大丰收了。

我们每个人都应该与那位年轻人一样，虚心地向自己身边的有才能之士学习，一个人知道了自己的短处，才能改进自己，才能胜券在握。

从老远老远的地方飞来一只燕子。它飞过大海，飞过江河，飞过千山万岭，来到一块田边歇脚。

一只蜗牛爬过来，伸出长长的脖子，抬起头，委屈地对燕子说："燕子姐姐，人家都说我走路慢吞吞的，可是，我一个早上就爬过一条长长的田埂。你看，路上那光闪闪的银液，就是我留下的记号啊。"

"也难怪人家说你呢，"燕子笑了笑，"究竟你比谁快，你想过吗？"

"这个……我倒真没想过。"蜗牛说。

"啊！"燕子说，"那你就好好想一想，看一看，比一比。"说完就要飞走。

蜗牛叫住燕子，要它再歇一会儿。燕子说："不能再歇了，今天我还要赶500多里路呢。"

蜗牛历来习惯于爬行，认为爬行前进已经够理想了。听了燕子的话。它愣然了，伸出长长的脖子，使劲地点头，决心要像燕子那样飞向远方……

成为优秀的人必须要富有渊博的知识。我们必须以丰富的知识来充实自己，这样才能成就自己的事业。

尹金诚是韩国有名的企业家，他在开始做生意时，几乎什么都不懂，开发了一件新产品，往往不知道该如何定价，他就跑到零售商那里去请教。因为他认为，如何定恰当的价钱，常与消费者接触的零售商最清楚。

在零售商那里，尹金诚出示了新产品，问他们："像这样的东西可以卖多少钱？"他们都会坦诚地告诉他行情，照着零售商的话去做没错。不必付学费，也不要伤脑筋，没有比这个更划算的。当然，不是什么事情都这样简单，可这是基本的原则。能虚心接受人家的意见，能虚心去请教他人，才能集思广益。

如果我们能培养这种"虚心"，能虚心接受他人的意见，虚心向他人学习，离成功就不远了。此外，还要虚心地向前辈学习。有机会在前辈身边做事，是一个人一生中的机遇。

尹金诚和同事同在一个办公室工作，可是每次打电话时年轻的同事便在旁边听。由于他的声音和口气深深印在他们的脑海里，所以当他们自己打电话时，口气很像尹金诚。自然而然，外界有了良好的反映，他们对尹金诚说："你的部下和你一样。"

做事浮躁是很坏的习惯，它会阻碍你前进的脚步。养成谦虚处事的好习惯，是成功者必经之路。"谦虚使人进步"。因为只有具备谦虚的态度，你才可以赢得别人的尊重，得到真挚的忠告，完善自我，不断进步。

习惯物语

学习使人进步，这是一句老话了，说了上千年，但是目前依然有自己的生命力，任何人都不能够否认它的正确性。做个虚心学习的人，才能使自己在社会上立稳脚跟。只要我们寻找，生活中到处都有学问，每个人都有值得学习的地方。

学习时专心致志

你一定听说过《小猫钓鱼》的故事吧。与这个故事的寓意相同的还有中国古代“一手画圆，一手画方”的说法。旨在告诉人们学习时不可一心二用。

心理学上曾有人做过对比研究：请来两组知识能力大致相同的学生，让第一组的同学边听故事边做简单的加法习题，而第二组也做同样的两件事，但是两项内容分开进行。同样的时间后，检查加法题的成绩，并请每个人复述听过的故事。结果是：第一组习题与复述的错误率都明显高于第二组。由此看来，一般人不可能同时高质量地做好两项或两项以上的事情。如果硬要同时做，必然使每件事的质量都有所降低。不信你可以当场实验：左手右手各拿一支笔，一手画圆，一手画方，双管齐下。其结果必然是圆也不圆，方也不方。古语“目不能两视而明，耳不能两听而聪”说的就是这个道理。

生活中确实也能找到一些一心二用的例子，比如：老师能一边讲课一边观察学生，司机能一边开车一边哼小曲，家庭主妇能一边看电视一边织毛衣，摇滚歌星能一边唱歌一边跳舞，农民能一边铲地一边说笑话等。这在心理学中叫做注意的分配。注意的分配不是任何人、任何时候都能做到的。这要求一些条件，其中最重要的是：同时进行的两项或多项活动，一般都是比较熟悉的，最多只能有一项是不十分熟悉的，而其他与之同时进行的活动要达到几乎自动化的程度才行。仔细分析一下上面所举的5个例子，无一不属于这种情况。就拿司机来说吧，行车路线必须是熟悉的，小曲必须是比较熟悉的。假如他第一次开车进入一座陌生的城市，或者车辆、行人拥挤不堪的时候，他就难以做到边开车边哼小曲，否则，非出事儿不可。在电视节目中，我们曾经看到京剧演员一边唱一边双管齐下写毛笔大字。从表面看，这些事情的难度都比较大，实际上这是长期训练的结果。对于表演者来说，所表演的内容都是非常熟悉的。综上所述，可以得出这样的结论：一心二用不利于提高学习效率，学习应该专心致志。

专心致志包括以下两个方面：一是要致力于主攻方向不分神。就是在一定时期内紧紧围绕主攻方向安排学习内容，除学校组织和提倡的健康活动外，一切与主攻方向相悖的乃至不相关的劳神费时的事情都尽量不要涉足。诸如打游戏机、过多地读课外书籍和过多地看电视等。二是全神贯注不走神。上课时要全神贯注地听讲，做作业时聚精会神地思考。对于一切与学习无关的事情能够做到听而不闻，视而不见，以意封闭。有些同学上课时走神儿，讲话或摆弄东西，甚至做一些与学习毫不相干的事；课后做作业，一边听歌一边写文章、算题，哪里说话哪搭茬儿，或者故意插科打诨。这些做法都是与专心致志的学习习惯背道而驰的。

比尔·盖茨从小就表现出惊人的专注力，加之家庭的引导和培养，使其长大后能长期痴迷于计算机。孩子好奇心强，可能对许多事物都有兴趣，但往往很难专注于某事，浅尝辄止，结果一事无成。有的父母也存在浮躁心理，喜欢攀比，见别人的孩子学啥，也要让自己的孩子学，恨不得天下所有的知识都要孩子知晓，所有的技能、特长都要孩子掌握。这只会造成孩子看起来什么都会，却无一技之长。培养孩子的专注力十分重要，父母在孩子小的时候就应该把孩子的专注力激发出来。当孩子做某事时，应要求他们在规定的时间内完成并帮助他们排除外界的干扰；让孩子对感兴趣的问题不断寻根问底，深入思考；让孩子在兴趣广泛的基础上，选择最着迷的对象深入学习下去，父母应有意识地强化孩子这方面的兴趣。

孩子可能对许多事都有兴趣，但往往很难能够专注于某事——未全身心地投入进去，永远只能在目标的外围徘徊，难达到很高成就。

我们也都听说过，我国大数学家陈景润一边走路，一边想他的数学问题，不知不觉中和什么东西撞上了，他连声说“对不起”，却没听到对方回应，抬头一看，原来是棵大树。

法国大作家巴尔扎克一次写作时朋友来访，他很长时间也没有发现。中午仆人送来饭菜，客人以为是给自己送的，就把饭菜吃了，后来客人发现巴尔扎克还是那么忙，就走了。天黑了，巴尔扎克觉得该吃午饭了，就来端碗端盘。看到饭菜已被吃光，他竟责备自己“真是个饭桶，吃完还要吃!”法国昆虫学家法布尔为了解蚂蚁生活习惯，曾连续几小时趴在潮湿、肮脏的地面上，用放大镜观察蚂蚁搬运死苍蝇的活动。当时周围有许多人围观议论，他竟毫不理会。

我国伟大的地质学家李四光也曾有过类似的笑话，据他的女儿回忆：有一天，时间已很晚了，李四光还没有回家。女儿来叫他回家吃饭，谁知他却一边专心地工作，一边亲切地说：“小姑娘，这么晚了还不回家，你妈妈不着急吗?”等到女儿再次喊“爸爸，妈妈让你回家吃晚饭了”时，他抬头，不由地笑了，小姑娘不是别人，正是他自己的宝贝女儿。

在荷兰，有一个初中毕业的青年人来到一个小镇谋生，找到了一份替镇政府看大门的工作。他在这个门卫的岗位上一直工作了60多年。他一生没有离开过这个小镇，也没有再换过工作。

也许是工作太清闲，他又太年轻，需要打发时间。他选择了又费时又费工的打磨镜片作为自己的业余爱好。就这样，他磨呀磨。一磨就是60年。他是那样地专注和细致，技术已经超过专业技师了，他磨出的复合镜片的放大倍数比别人的都要高。借助他研磨的镜片，他终于发现了当时科技界尚未知晓的另一个广阔的世界——微生物世界。从此，他声名大振，只有初中文化的他被授予了在他看来是高深莫测的巴黎科学院院士的头衔，就连英国女王都到小镇拜会过他。

创造这个奇迹的小人物就是科学史上卓有成就、活了90岁的荷兰科学家万·列文虎克，他老老实实地把手头上的每一块玻璃片磨好，用尽毕生的心血，专注地致力于每一个平淡无奇的细节的完善，终于他在他的细节里看到了他的上帝，也在他的细节里看到了科学更广阔的前景。

习惯物语

专心致志的学习习惯是我们必须养成的起码的学习习惯。

忠于学习

人的天性是差不多的，但是在习惯方面却各不同，习惯是慢慢养成的，在幼小的时候最容易养成，一旦养成之后，要改过来就很不容易。因此，我们要从小养成学习的习惯，充实我们自己。

清晨早起读书是一个好习惯，这也要从小时候养成。很多人从小就贪睡懒觉，一遇假日便要睡到日上三竿还高卧不起，平时也是不肯早起，往往蓬首垢面地就往学校跑，结果还是迟到，这样的人长大了之后也常是不知振作，多半不会有什么成就。闻鸡起舞，那才是志士奋励的榜样。

时间即是生命。我们的生命是一分一秒地在消耗着，我们平常不大觉得，细想起来实在值得警惕。我们每天有许多的零碎时间于不知不觉中浪费掉了。我们若能养成一种利用闲暇学习的习惯，一遇空闲，无论其多么短暂，都利用之做一点有益身心之事，则积少成多终必有成。常听人讲起“消遣”二字，好像是时间太多无法打发的样子。其实人生短促极了，哪会有多余的时间待人“消遣”？陆放翁有诗云：“待饭未来还读书”。我知道有人就经常利用这“待饭未来”的时间读了不少的大书。古人所谓“三上之功”，枕上、马上、厕上，虽不足为训，其用意是在劝人不要浪费光阴，多多学习。

吃苦耐劳是我们这个民族的标志。古圣先贤总是教训我们要过俭朴的生活，所谓“嚼得菜根”，就是表示一个有志的人能耐清寒。节衣缩食，不足为耻，丰衣足食，不足为荣，这在个人之修养上是应有的认识。罗马帝国盛时的一位皇帝，他从小就摒绝一切享受，从来不参观那当时风靡全国的赛车比武之类的娱乐，终其身成为一位严肃的苦修派的哲学家，而且也建立了不朽的事功，这是很值得令人钦佩的。

好的习惯千头万绪，“勿以善小而不为”。习惯养成之后，便毫无勉强，临事心平气和，顺理成章。养成爱学习的习惯，是我们每一个人必须做到的。

在一个漆黑的晚上，老鼠首领带领着小老鼠出外觅食，在一家人的厨房内，垃圾桶之中有很多剩余的饭菜，对于老鼠来说，就好像人类发现了宝藏。

正当一大群老鼠在垃圾桶及附近范围大挖一顿之际，突然传来了一阵令它们肝胆俱裂的声音，那就是一头大花猫的叫声。它们震惊之余，更各自四处逃命，但大花猫绝不留情，不断穷追不舍，终于有两只小老鼠躲避不及，被大花猫捉到。当大花猫正要吞噬它们之际，突然传来一连串凶恶的狗吠声，令大花猫手足无措，狼狈逃命。

大花猫走后，老鼠首领从垃圾桶后面走出来说：“我早就对你们说，多学一种语言有利无害，这次我就因而救了你们一命。”

“多一门技艺，多一条路。”不断学习实在是成功人士的终身承诺。

很久很久以前，有弟兄两人，他们各置办了一些货物，出门去做买卖。他们来到一个国家，这个国家的人都不穿衣服，称作“裸人国”。

弟弟说：“这儿与我国的风俗习惯完全不同，要想在这儿做好买卖，实在不易啊！不过俗话说：入乡随俗。只要我们小心谨慎，讲话谦虚，照着他们的风俗习惯办事，想必问题不大。”哥哥却说：“无论到什么地方，礼义不可不讲，德行不可不求。难道我们也光着身子与他们往来吗？这可太伤风败俗了。”弟弟说：“古代不少贤人，虽然形体上有变化，但行为却十分正直。所谓‘殒身不陨行’，这也是戒律所允许的。”

于是弟弟先进入了裸人国。过了十来天，弟弟派人来告诉哥哥，一定得按当地风俗习惯行事，才能办得成事。哥哥生气了，回话说：“不做人，要照着畜生的样子行事，这难道是君子应该做的吗？我绝不能像弟弟那样做。”

裸人国的风俗，每月初一、十五的晚上，大家用麻油擦头，用白土在身上画上各种图案，戴上各种装饰品，敲击着石头，男男女女手拉着手，唱歌跳舞。弟弟也学着他们的样子，与他们一起欢歌曼舞。裸人国的人们无论是国王，还是普通百姓都十分喜欢弟弟，相互关系非常融洽。国王把他带去的货物全都买下来了，付给他10倍的价钱。

而他的哥哥来了之后，满口仁义道德，指责裸人国的人这也不对，那也不好。引起国王及人民的愤怒，大家抓住了他，狠揍了一顿，全部财物都被抢走了。全亏了弟弟说情，才把他救了出来。

尊重对方的习俗和文化，不把自己的标准强加给别人，就是对别人的尊重，也就能得到对方的尊重。

世上没有最好，只有更好，对一个人更是如此，具体情况具体处理，不要一味追求完美，否则会弄巧成拙。

世界建筑大师格罗塔斯设计的迪士尼乐园马上就要对外开放了，然而，各景点之间的路该怎样连接还没有具体方案。格罗塔斯心里十分焦躁。巴黎的庆典一结束，他就让司机驾车带他去地中海海滨。

汽车在法国南部的乡间公路上奔驰，那里漫山遍野到处都是当地农民的葡萄园。当他们的车子拐入一个小山谷时，发现那儿停着许多车子。原来是一个无人看守的葡萄园，你只要在路边的箱子里投入5法郎，就可以搞一篮葡萄上路。据说，这是当地一位老太太的葡萄园，她因无力料理而想出这个办法。谁知在这绵延上百里的葡萄产区，总是她的葡萄最先卖完。这种给人自由、任其选择的做法使大师深受启发。

回到住地，他给施工部拍了一份电报："撒上草种，提前开放。"

迪士尼乐园提前开放的半年里，草地被踩出了许多条小道。这些踩出来的小道有宽有窄，优雅自然。第二年，格罗塔斯让人按这些踩出来的痕迹铺设了人行道。1971年在伦敦国际园林建筑艺术研讨会上，迪斯尼乐园的路径设计被评为世界最佳设计。

有什么样的环境，做出什么样的选择，自然就会有不一样的结果。学习也是一样，只有因地制宜，你的学习才是最适合于你自己的，也是最成功的。

不懂的就要学，只有学了才会懂，也只有懂了才会用，用过后，你才会适应。

习惯物语

人与生俱来，哪怕最简单的一个动作都得靠学，否则就会无法生存下去。因此，养成学习的习惯是适应这个社会的最基本的生存之道。

喜欢思考

俗话说："眉头一皱，计上心来；灵机一动，难题解开。"意思是说，如果一个人会思考，那么做事、学习就容易获得成功。

人善于思考其实就是善于提出疑问，也就是要学会提问题，学会问"为什么"。

认真思考的学习习惯有利于提高学习质量，有利于培养人的能力，尤其是有利于增强人的发现、发明和创造能力。认真思考的学习习惯是学子比较高级的修养。

养成认真思考的学习习惯，至少有以下三个方面的好处：

第一个方面的好处是，可以加深对知识的理解和记忆。通过认真思考，可以把感性认识上升到理性，找出所学知识之间的相互联系，把松散的知识点连接成有机的整体，从总体上把握知识体系。

第二个方面好处是，有利于对书本知识批判地吸收。养成认真思考的习惯，可以防止"读死书"和"死读书"，不仅能鉴别和选择书籍，而且还能够死书活读。在读书时，不论是业务知识还是思想观点，都能批判地吸收，正确的予以肯定吸收，错误的加以否定扬弃。

孔子说："学而不思则罔，思而不学则殆。"罔即迷惘，殆即疑惑。

孟子说："尽信书不如无书。"

清代学者王夫之说："致知之途有二，日学，日思。"这都是在强调养成认真思考习惯的重要性。

第三个方面好处是，通过思考可以不断解开疑团，激发灵感，从而有所发现，有所发明，有所创造。科学家爱因斯坦在整个科学生涯中始终信奉“怀疑一切”这句格言。正是凭这种“怀疑一切”的精神，爱因斯坦提出了划时代的“光量子”概念，创立了相对论。

我国化学家温元凯在大学一年级上无机化学课时，学到离子极化一节，老师、教材和所翻及的参考书都说这是个定性理论。这个理论可以解释大量的化学现象，但有局限性。他想，把这个理论从定性发展到定量该多好。后来，他下决心研究这个问题，经过多年努力，终于建立了一种定量模型。

我们都知道蒸汽机的发明者是瓦特，如果他在幼年的时候，看到烧开了水的壶盖被热气顶开的情景并没有仔细想，没有问几个“为什么”的话，那么肯定不会有后来的那项划时代的发明。也正是由于瓦特对事物仔细地观察、认真地思考，才为他后来的成就打下了良好的基础；也正是由于他对事物仔细地观察、认真地思考，使一个司空见惯的生活现象成为一项伟大发明的重要启示。

人在少年儿童时代最容易产生好奇心，好奇心又往往是创造性思维的开始。问题是，有的孩子善于提出疑问并且善于思考，而且懂得如何在实践中体验；而有的孩子却不善于思考，更懒得去实践，结果造成了在一样的成长环境中长大的孩子，却产生了思维差异很大的现象。前面那种孩子具备了成为有创新精神和实践能力的人才的良好素质，而后一种孩子却只能变成人云亦云，没有什么竞争和发展能力的平庸之辈。

养成认真思考的学习习惯，应注意以下几个方面：一是对所学的新知识通过思考找出它与以前所掌握的知识之间的联系和区别，使知识形成体系，从而加深理解和记忆；二是对于思考过程中发现的不懂、不理解的问题，及时向别人请教；三是经请教仍然得不出正确答案的问题，暂时存于头脑中，日后再继续探索。

思考可以决定一个人的命运，一个成功的人肯定是一个善于思考的人。

美国著名行为学家皮鲁克斯在《拯救自己从思考开始》一书中写道：“依靠别人的赐予是无济于事的；只有自己开动脑筋，才能拯救自己的行为。因为在某种意义上说脑力决定一个人的命运”。

佛瑞迪当时只有 16 岁，在暑假将临的时候，他对爸爸说：“爸，我不要整个夏天都向你伸手要钱，我要找个工作。”

父亲从震惊中恢复过来之后对佛瑞迪说：“好啊，佛瑞迪，我会想办法给你找个工作，但是恐怕不容易，现在正是人浮于事的时候。”

“你没有弄清我的意思，我并不是要您给我找个工作，我要自己来找。还有，请不要那么消极。虽然现在人浮于事，我还是可以找个工作。有些人总是可以找到工作的。”

“哪些人？”父亲带着怀疑问。

“那些会动脑筋的人。”儿子回答说。

佛瑞迪在“事求人”广告栏上仔细寻找，找到了一个很适合他专长的工作，广告上说找工作的人要在第二天早上8点钟到达42街一个地方。佛瑞迪并没有等到8点钟，而在7点45分就到了那儿。可他看到已有20个男孩排在那里，他只是队伍中的第21名。

怎样才能引起老板的特别注意而竞争成功呢？这是他的问题，他应该怎样处理这个问题？只有一件事可做——动脑筋思考。因此他进入了那最令人痛苦也是最令人快乐的程序——思考。

在真正思考的时候，总是会想出办法的，佛瑞迪就想出了一个办法。他拿出一张纸，在上面写了一些东西，然后折得整整齐齐，走向秘书小姐，恭敬地对她说：“小姐，请你马上把这张纸条转交给你的老板，这非常重要。”

她是一名老手。如果他是个普通的男孩，她就可能会说：“算了吧，小伙子。你还是回到队伍的第21个位子上等候吧。”但是他不是普通的男孩，她直觉感到，他散发出一种自信的气质。她收下了纸条。

“好啊！”她说，“让我来看看这张纸条。”她看了不禁微笑了起来。她立刻站起来，走进老板的办公室，把纸条放在老板的桌上。老板看了也大声笑了起来，因为纸条上写着：“先生，我排在队伍中第21位，在你没有看到我之前，请不要做决定。”

他是不是得到了工作？他当然得到了工作，因为他很早就学会了动脑筋。一个会动脑筋思考的人总能掌握住问题，也能够解决它。

处于第21的位置，是没有什么优势可言的，但动脑的结果却使他战胜了占据有利地位的对手。

正确的思考深受好几项成功原则的影响：明确目标、决定迅速以及积极的心态。它对注意力控制也有相当大的影响，而这一项成功原则将会使你更专心地为成功而努力。

很难想象，一个不能正确思考自我的人——尤其是遭遇各种挫折以后，还不能通过正确思考的方式发现并克服自我危机的人——面对的会是怎样的人生。

现在再看一个关于“思维死角”的故事：

一个教授给一群学生出了这么一道考题：一个聋哑人到五金商店去买钉子，先把左手做持钉状，捏着两只手指放在柜台，然后右手做锤打状。

售货员先递过一把锤子，聋哑顾客摇了摇头，指了指做持钉状的两只手指。这回售货员终于拿对了。这时候又来了一位盲人顾客。

“同学们，你们能否想象一下，盲人将如何用最简单的方法买到一把剪子？”教授这样问道。

“噢，很简单，只要伸出两个指头模仿剪子剪布的模样就可以喽。”一个学生答完，全班表示同意。

教授说：“其实盲人可以开口说一声就行了。记住：一个人进入思维死角，智力就会在常识之下。”

有一个传说，讲的是一位艺术家一直想找一块檀香木用来雕刻圣母像。就在他近乎绝望，以为自己的构思即将落空时，他做了一个梦，梦中他被吩咐用一块烧火用的橡木雕刻圣母像。醒来后他立即照办，用一段普通的木柴创作出了一个雕刻史上的杰作。许多人一心想找到檀香木用来雕刻，因此错过了许多宝贵的机会，实际上，我们用烧火用的普通木材就可以创作出杰作。有人虚度人生，从来看不到成就一番大事业的机会，而有人却站在旁边，在同样的条件下发掘机会，取得了辉煌的成功。

快刀斩乱麻，人们常常用它来比喻做事干脆利落。表面看来，这个道理人人皆知。许多时候，人们就是困于旧套，在习惯的模式中苦苦寻觅。习惯也是一种障碍，正如教授前边所举的一个例子，目的就是使学生们的思维不要限于固有的方式。

习惯物语

在学习中，独立思考是非常重要的。只有这样才能走出“死读书”、“读死书”的圈子，在学问上有所见解，有所创新。生活中也是如此。

善于观察

对客观事物的观察，是获取知识最基本的途径，也是认识客观事物的基本环节，因此，观察被称为学习的“门户”和打开智慧的“天窗”。应当学会观察，逐步养成观察意识，学会恰当的观察方法，养成良好的观察习惯，培养敏锐的观察能力。“观察”这两个字有两层意思，“观”是看的意思，“察”是想的意思，看了不想，不是真正的观察，对认识客观事物毫无意义。要做到观察和思考有机结合，通过大脑进行信息加工，总结得出事物的一般规律和特征。

善于观察是一个非常好的习惯，然而，很多孩子都没有这种好习惯，他们只是感觉到了，但并没有把这些信息传递给大脑，将信息加工和过滤。结果，在观察事物时，就不能真正理解它们的意义。只有用积极的心态去观察，用开放的眼光看世界，才能得到需要的东西。

在孩子的学习和生活中，也同样要学会观察。良好的观察能力，是提高孩子整个学习能力的重要途径，更是孩子认识世界、增长知识的重要途径。实践证明：学生观察力的强弱对学习的好坏有直接影响。如在语文拼音、识字教学中，有些拼音、生字的字形和写法只有细微差别，观察力较强的孩子一眼就能看出来，而观察力较差的孩子就常把它们认错或写错。

每个孩子都有一双明亮的眼睛，请千万珍惜！让他们睁大眼睛去观察，去发现。注意：要让孩子用自己的眼睛，而不是我们的眼睛！

诺贝尔1833年出生于瑞典首都斯德哥尔摩。他的父亲是一位颇有才干的机械师、发明家，但由于经营不佳，屡受挫折。后来，一场大火又烧毁了全部家当，生活完全陷入穷困潦倒的境地，要靠借债度日。父亲为躲避债主离家出走，到俄国谋生，诺贝尔的两个哥哥在街头巷尾卖火柴，以便赚钱维持家庭生计。由于生活艰难，诺贝尔一出世就体弱多病，身体不好使他不能像别的孩子那样活泼欢快，当别的孩子们在一起玩耍时，他却常常充当旁观者。童年生活的境遇使他形成了孤僻、内向的性格。

诺贝尔的父亲倾心于化学研究，尤其喜欢研究炸药。受父亲的影响，诺贝尔从小就表现出了顽强勇敢的性格。他经常和父亲一起去实验炸药，几乎是在轰隆轰隆的爆炸声中度过了童年。

诺贝尔到了 8 岁才上学，但只读了一年书，这也是他所受过的唯一的正规学校教育。到他 10 岁时，全家迁居到俄国的彼得堡。在俄国由于语言不通，诺贝尔和两个哥哥都进不了当地的学校，只好在当地请了一个瑞典的家庭教师，指导他们学习俄、英、法、德等语言。体质虚弱的诺贝尔学习特别勤奋，他好学的态度，不仅得到教师的赞扬，也赢得了父亲和兄长的喜爱。然而，到了他 15 岁时，因家庭经济困难，交不起学费，兄弟三人只好停止学业。诺贝尔来到了父亲开办的工厂当助手，他细心地观察和认真地思索，凡是他耳闻目睹的那些重要学问，都被他敏锐地吸收进去。

为了使他学到更多的东西，1850 年，父亲让他出国考察学习。两年的时间里，他先后去过德国、法国、意大利和美国。由于他善于观察、认真学习，知识迅速积累，很快成为一名精通多种语言的学者和有着科学训练的科学家。回国后，在工厂的实践训练中，他考察了许多生产流程，不仅增添了许多的实用技术，还熟悉了工厂的生产和管理。

就这样，在历经了坎坷磨难之后，没有正式学历的诺贝尔终于靠刻苦、持久的自学，逐步成长为一个科学家和发明家。

习惯物语

达尔文曾自我评价说：“我既没有突出的理解力，也没有过人的机智。只是在察觉那些稍纵即逝的事物并对其进行精细观察的能力上，我可能在众人之上。”

有探索能力

有的孩子遇到难题时往往退缩，没有战胜困难的信心；有的缺乏毅力，自觉控制能力较差，在学习中遇到困难时，往往不肯动脑思考，遇难而退，或转而向父母寻求答案。这时家长不要代替孩子解答难题，而应用坚定的神色鼓励孩子动脑筋，用热情的语言激励孩子攻克难关，还可以讲一些中外名人克服困难的故事，使其懂得具备坚忍不拔之意志的重要性。

在美国中学生的课外活动中，有着许多有趣味的活动项目。最有趣的是“小型联合国”。这项活动在美国许多高中开展，受到了联合国总部的支持。各校学生每年都要设计完成某些项目，参加全美国的“联合国”活动评选。歌华所在的高中，有一年的活动是“中东和平进程”，“小型联合国”的同学们在自愿基础上分成几个组，有的组站在以色列的立场，有的组站在巴勒斯坦的立场，他们分头到图书馆去搜集包括沙龙、巴勒斯坦权力机构主席阿巴斯等国家领导人的著作、演说和官方声明在内的各种材料，准备好代表他们观点的演讲稿，再来进行公开辩论。需要强调的是，这项活动校方完全不干预、不介入，而活动的组织者也不会预设立场，不会有谁将某种观点指定（或者内定）为“反面教材”——他们的着眼点并不在于分出输赢，而在于让孩子意识到自己是全人类的一员，学会独立思考，甚至是跳出美国价值观念和思维方式，从截然不同的立场和角度，对这些复杂的国际问题的来龙去脉有个了解。

这样的学习既有趣又有实际意义。当孩子代表一个民族、一个国家来面对复杂的国际局势，一种使命感就会油然而生。让他们从心里意识到，要想在明天实现自己的理想，必须在今天就努力学习。同时，他们也能从中发现，无数人都在为了更好的明天而努力拼搏、承受痛苦和委屈，自己在学习中遇到的困难和挫折，相比之下，实在是太微不足道了。这样，他们就有了战胜困难的信心，找到了学习的目标。

刘学良小时候非常顽皮，喜欢问这问那，可这“问这问那”的缺点被妈妈无意中发现了，后来，在妈妈的精心培育下，于1985年的8月接到了美国斯坦福大学的录取通知书。

据刘学良的妈妈说，刘学良小时候就像其他村男孩一样不爱学习，倒是挺喜欢各种各样的玩具。有一次，她拿着小汽车问妈妈：“妈妈，汽车为什么4个轮子?”

“4个轮子才稳当嘛。”妈妈一边看报纸，一边随口答道。

“那，三轮车为什么是3个轮子?”

“……有3个轮子，也就稳当了。”妈妈有些不耐烦，因为她正在看一条重要新闻。

“那，自行车怎么只有两个轮子?”

妈妈放下了报纸，有些吃惊又有些尴尬地看着学良，学良正睁大眼睛看着她。母子对视了一分钟，妈妈才缓过神来。

从学良乌黑但充满了疑问的大眼睛里，妈妈像是看到了什么。

“这不就是几何的几个基本原理么?”妈妈的脑子里仿佛有个小火花跳跃了一下，当然，这只是实际生活中的一个小小的疑问而已。

但正因为是实际的，不是比教学中的理论更鲜明、更活泼嘛!

妈妈知道该怎么做了，像是大梦初醒一般。

“好孩子，”妈妈一把将学良拉到怀里，“来，妈妈给你讲!”

妈妈就用最浅显的话，认认真真地给学良讲着。令妈妈感到特别高兴的是，这次学良竟然一动不动，昂着脑袋，老老实实地听着妈妈的话，既不乱讲话，也不做小动作了。

调皮、不爱学习、不会背“鹅鹅鹅”的学良，现在多么像一个好学生啊!

爱提问题是孩子的天性，在对孩子的教育中，有时不知不觉地扼杀了孩子这一优秀品质，从而也就禁锢了孩子的思维，从古到今，有成就的人小时候都爱打破沙锅问到底，这是优点、是长处，切莫用“瞎问什么”、“有完没完”之类的话对待孩子，这样做也许你正在犯一个特大的错误——扼杀一个天才!

习惯物语

马克思说："科学上没有平坦的大道。"同样学习上也不可能没有困难和挫折，但只要有决心、有毅力，就总能克服困难、取得进步。坚强的毅力是一种非常重要的品质，没有这种锲而不舍的毅力，任何学习都不会取得好的成绩。

喜欢看书

读书是成才与进步的阶梯。读书是让渺小的个人在有限的生命里与无限的时空得以交融的通途。广泛的阅读是一个人走向成功的法宝之一。当你得到了这个法宝，就意味着你在通向成功的路上少了一道崎岖。

一个知识渊博的人没有一个是不热爱读书的，通过阅读，可以开阔眼界，增长知识，是他们走向成功的法宝。

阅读是自学的基础，是获取知识的主渠道。俗话说：习惯成自然。一个人的行为习惯是指：由于重复或练习而巩固下来的并变成需要的行动方式。人的知识与能力都直接取决于接受信息量的多少。只有当一个人接受的信息量足够大时，才能加以系统地分析组合，产生创造性思维，使知识转化为能力。阅读对于一个人来说是非常重要的。正如爱迪生所说："读书之于思想犹如运动之于身体，运动使人健壮，读书使人贤达。"

高尔基说："我读的书愈多，书籍就使我同世界愈来愈接近，生活对于我也就变得更加光明、更有意义……几乎每一本书都轻轻地发出一种声音，扣人心弦，使人激动，把人吸引到奇妙的地方去。"

我国童话大王郑渊洁说："在我小时候，父亲就带着我看书，他使我养成了一个阅读的习惯，这个阅读实在是一个好习惯。你养成一个阅读的习惯，不管什么时候都喜欢看书、看报纸、看刊物，或者包括现在的网上阅读，这是一个非常好的习惯。"

影响阅读质量高低的直接因素是阅读习惯，阅读习惯一经形成，就成了支配阅读行为的力量。

培养阅读习惯应该注意以下几方面：

一、培养爱读、多读、自觉读的习惯。如果具备了爱读、多读、自觉读的习惯，阅读就成了生活的自然，就会大量地阅读，不断地吮吸知识的乳汁，就会不断提高自己，丰富自己。阅读兴趣是爱读、多读习惯形成的关键，培养爱读、多读的良好习惯要靠教师设法营造热爱阅读的良好环境和气氛。

二、养成精读、边读边思考的习惯。阅读大多是追求情趣，追求情节，有囫囵吞枣、不求甚解的通病。要真正学到知识，就必须做到精读，一边读一边思考，深入透彻地阅读内容，带着问题去阅读，这样可以产生强烈的求知欲望，做到眼到、心到。这样才能有效地培养精读、边读边思考的习惯，而且在阅读基础上也提高听、说、读、写的能力，产生其他效应。

19 世纪德国教育问题学会会员卡尔·威特生下了一个儿子，也取名为卡尔·威特。小威特不仅不聪明，而且先天不足，体重不过 2000 克，两只手和两只脚还在不停地抖动，哇哇的哭叫声像中毒的小老鼠似的。邻居家背后议论纷纷，说小威特肯定是个小白痴，连小威特的家人们也说："这样的孩子，就是再好的教育也是白费力气的。"然而，老威特面对如此残酷的现实并没有失望，他认真地承担起教育儿子的重任。因为卡尔·威特坚信："只要上帝赐给我一个孩子，而且你们认为他不是白痴，那我就一定能把他培养成为非凡的人。"

老威特对儿子精心教育，培养儿子的读书兴趣，使得小威特十分热爱读书，而且十分的刻苦。不久，这个孩子轰动了附近的地区，他七八岁时，已经能够自由地运用德语、法语、拉丁语等 6 国语言了，并通晓物理学、化学，尤其擅长数学。在他 9 岁的时候，就考入了莱比锡大学，校长说："小威特已经具备了十八九岁青年们所不及的智力和学力。"很显然，这是老威特对他进行教育以及小威特热爱读书的结果。1814 年 4 月，未满 14 岁的小威特被授予哲学博士学位。两年后，又获得了法学博士学位，被任命为柏林大学的法学教授。

我们强调热爱读书，多读书，读好书，也只有通过大量的读书，我们才能吸收尽可能多的知识。

有一位老师讲过这么一个例子：在某高中，有一位学生叫王肖卫，进校时成绩优异。但他本人仅在乎课本里的东西，其他的知识一概不去过问，知识体系单一，知识面狭窄，导致其学习成绩逐渐下降。虽然他学习努力刻苦，但还是未能摆脱高考失败的命运。而同班的另一名同学王再华十分热爱读书，并且能把课外的东西应用于课内，学习成绩稳定，成为高考独木桥上“千军万马”中的胜利者。

一个人能强烈地热爱读书，就说明他对知识有着强烈的渴求欲望。在对自己知识储备不满足的情况下，应该根据自身情况来选择书籍，培养良好的热爱读书的好习惯，对你的学习和考试有很大的帮助，并会使你终生受益。

在一次考试中，有一道关于《水浒》人物的考题。而在这个班中，只有区区的两名学生能做出答案。这两名同学也正是十分热爱读书，平时有着良好的读书习惯。不可否认的是，多读书会让你受益匪浅。

习惯物语

高尔基发出这样的呼吁：“热爱书籍吧，书籍能帮助你们生活，能像朋友一样帮助你们在那使人眼花缭乱的思想感情和事件中理出一个头绪来，它能教会你们去尊重别人，也尊重自己，它将以热爱世界、热爱人的感情来鼓舞你们的智慧和心灵。”

兴趣广泛

学习是一个人终生都必须做的事情，一个人能否成功，能否获得生活的幸福，在一定程度上取决于他的学习能力。而一个人的学习能力取决于他从小养成的良好的学习习惯。

兴趣是儿童对某种事物探索的欲望，只要有了好奇心，有了探索欲望，孩子就会从内心深处去研究喜欢的事物，才会乐此不疲。

天才都是对某种事物怀有强烈的兴趣和满腔的热情的人。而凡是仔细观察过孩子的人都会发觉，幼儿只要不是傻子和白痴，他们都极易对事物产生兴趣和热情。也就是说，幼儿天然就具有对某些方面或某一方面的强烈热情，他们一旦对某一方面或某些事情入了迷，就会以惊人的勤奋和毅力去从事。当他们步入这一轨道，就会遵循雷马克所说的“使用就会发达”的规律，使其能力得到惊人的发展。

为了提高孩子的学习积极性，充分发挥孩子的潜能和才智，使孩子在学习上有好成绩，就必须提高孩子对学习的兴趣。

俄国文学家列夫·托尔斯泰十分注意培养孩子的学习兴趣，尽管他写作的时间非常宝贵，但是从没忘记将部分时间奉献给孩子们，给他们讲故事，为他们绘画，回答他们提出的各种问题。

托尔斯泰并不是花时间给孩子强行灌输知识，而是根据孩子们的爱好和兴趣为他们服务。有一时期，孩子们对科幻作家儒勒·凡尔纳的作品很感兴趣，托尔斯泰就一本又一本地讲给孩子们听。他发现《环球旅行 80 天》这本书没有插图，为了帮助孩子们理解，进一步激发他们的兴趣，他竟然每天晚上用鹅毛笔亲自为这本书描制插图。托尔斯泰的时间是宝贵的，但是他认为时间花在提高孩子的学习兴趣、激发孩子的求知欲方面是值得的。

习惯物语

兴趣是最好的老师，幼年阶段对周围事物产生好奇心、产生浓厚的兴趣，可能是终生成就的源泉。

经常提问题

美籍华人李政道教授一次在同中国科技大学少年班学生座谈时指出：“为什么理论物理领域做出贡献的大都是年轻人呢？就是因为他们敢于怀疑，敢问。”他还强调说：“一定要从小就培养学生的好奇心，要敢于提出问题。”

在现实中，我们发现，当孩子长到三四岁时，他们向大人提出的问题也开始越来越多，而且千奇百怪。但是大多数父母不仅不为孩子们的提问感到兴奋，相反倒觉得厌烦不已。他们对孩子所提出的问题大都是随便敷衍一下，并不给予耐心的说明和解释。正是他们自己使孩子的潜在能力枯死，到孩子上了学才大惊小怪地叫嚷：“为什么我的孩子成绩这样糟糕呢！”但这些父母从来没有对自己的行为进行反省。

孩子们如果在学习中有不懂的问题，就应大胆地去问老师或爸爸妈妈，以下是给孩子们的一些小建议：

一、向老师质疑、发问。没有弄懂问题时，不要得过且过，羞于开口，要善于发问，大胆地问。如果孩子平时就不敢问、不善问，父母应该鼓励他们开口问，有些问题是通过问询教师、同学得来的答案，父母要给予鼓励。

二、给孩子讲一些著名人物不迷信权威、不迷信书本的生动故事，启发孩子大胆质疑、发问。

三、可以找一些书刊当中的错误，鼓励孩子找出它来。比如一些名人的书中有不少文字、语法、典故、常识方面的错误，引导孩子把它们找出来，给名人写封信，指出他们的错误。

四、引导孩子仔细看电视、读报刊，找出他们在发音、用字方面的错误。

五、经过一段时间后，提醒孩子不要滥问一气，要深思熟虑，胸有成竹才可发问。

前面我们讲了卡尔·威特 14 岁获得博士学位的故事。当小威特提出问题时，老威特总是给予鼓励，并耐心地回答，绝不欺骗威特。在教育上，威特父亲觉得再没有比教给幼儿错误的东西更为可恶的了。在给孩子解答问题时，威特父亲的说明并不是难懂的，而是充分考虑到孩子在现有知识下是否能完全可以接受。更难能可贵的是，当问到连自己也不懂的问题时，老威特就干脆老实地回答说：“这个爸爸也不懂。”于是两个人就一起翻书，或者去图书馆查阅资料，从而也给小威特灌输了追求真理的精神。在给小威特的教育中，他坚持竭力排斥那些不合理的和似是而非的知识。

有一年，中国中学生到国外参加一项奥林匹克竞赛，成绩十分喜人，获得的金牌数量和奖牌数量都名列参赛各国首位。

赛后，竞赛组织者请出了出题的专家、教授，跟这些参赛的各国中学生们见面，希望选手们向专家、教授提问题。

除中国选手外，其他国家的选手都十分踊跃。有的国家的中学生指出，出题者在某题上的思路不对，没有现实意义，如果改造一下会更好；有的咨询某方面问题的最新科研成果、发展方向；有的拿出自己的题目让教授专家来解答。

而获得金牌和奖牌最多的中国学生却在旁边默不作声。不是他们英语过不了关，其实他们参赛前都经过英语的强化，都有非常好的口语，而是中国学生平时的注意力以及竞赛时的注意力全部集中在解答专家们的题目上了，没有胆量、没有心思去想专家的题目还会存在什么问题，于是提不出问题，就干脆不开口。

习惯物语

俗话说："问是学之师，知之母。"现实生活中，我们每一个人不可能事事都通，许多问题对于我们来说都是一无所知，即便是学习成绩优秀的学生，也不一定什么事都比别人知道得多。有问题并不可怕，怕的是不问。

能够学以致用

知识只有在运用中才会发挥它的巨大作用，这也正是成功者之所以能做成大事的关键所在。将知识转化为财富，就要养成良好的学以致用的习惯，从而所学有所用，所学为你所用。

如果你想把书上的知识变成自己的真知灼见，就必须把书上的知识与自己的生活（工作）经验相结合，变成一个全面的认识，否则，书本上的知识就是片面的、无用的知识。

人类为了让知识造福于自己，才对知识进行学习和掌握。如果不学以致用，那么再好的知识也是一堆废物。

南宋著名诗人陆游曾在《冬夜读书示子》中对他的儿子进行劝勉道：古人学问无遗力，少壮功夫老始成。纸上得来终觉浅，绝知此事要躬行。

如果你不以得来纸上东西为满足，那么就应把书上的知识运用到实际中去，这样不但可免于浮躁，还可为社会创造财富，并在学以致用中获得更多更丰富的知识。

知识的力量是无穷的，这就需要不断地学习，学习是重要的，但把学习到的东西应用到实践当中去更加重要。

所以应牢记“边学习，边实践”的道理。养成善于实践的习惯，把所学知识用于生活之中。

人类知识是长期积累下来的产物，但是人们获得知识的方法并不是样样都去试一试、学一学，而是采用以下两种方法：

一、直接获取知识。人生活在自然环境中，总是不停地接触自然环境，在接触的过程中，许多现象或结果总会引起其特别注意，比如我们用手在脸旁轻轻扇动，我们会觉得有风吹拂到脸上，用其他物体做同样的动作，也会发现同一现象，因此我们获得了这一感性认识。在风吹到脸上的同时会感觉有些凉，反复试验，仍有这种感觉，因此我们得出结论：如果感觉到热，可用手或扇子来求得凉意。这点知识的得来，就是人们直接与自然界的接触中得来的，我们叫它直接经验，也就是直接获取知识。

二、间接获得知识。人的生命是有限的，在自然界发展的漫长时代里，一个人不可能每件事情都去亲自试一试，进而获得直接知识。因此，获得知识的最重要的途径不是直接获取知识，而是间接获取知识。

什么叫间接获取知识呢？举个例子来讲吧：假如你翻开一本书，书上告诉你，一根木条很容易折断，但100根木条捆扎在一起就不那么容易折断了。如果你不信，你就亲自试一试，结果你会发现果真如书中所言。再譬如你翻开另一本书，书中告诉你，如果你双腿并拢且双腿不弯曲的话，尽力向上跳，结果你会跳得非常低。如果你仍不相信的话，可照其所说再试一次，结果你仍会发现书中所说是对的。这些都是间接知识。

实际上，无论是直接知识还是间接知识，都是人类在与自然的直接较量中得来的，且都被证明是正确的东西，掌握了它们，就掌握了同自然斗争的法宝和战胜自然的能力。何况人的一生，时间和精力都是有限的，因此获取知识的途径主要靠大量吸收书本知识，然后在总结、归纳书本知识的同时发现新的问题，解决新的问题，从实践中获得新的、更多的知识，从而推动知识的更新和科技的发展，这也就是实践出真知的道理。

实践是检验真理的唯一标准。任何时候任何事情或理论都不能脱离实践而存在，学习当然也是一样。

这世界上所存在的任何理论知识无一不是来源于实践，这世界上所存在的任何理论知识无一不是检测于实践，这世界上所有存在的任何理论知识无不服务于实践。

人之所以区别于动物，就在于社会实践，即人类能有意识地进行生产，并在生活中有意识地将在生产中获得的经验教训等内容以口述、记录等形式传下来。正是在不断地征服自然、改造自然的过程中，在改造自然和改造自己相结合的过程中，人类发现了知识，创建了文明，建立了人类社会。

在知识的获得的过程中，即我们认识世界和改造世界的过程中，知识都可以在实践中找到其来源。再看下一个过程，人类认识某事物，即获得某知识，是为了对我们的生活和发展有利。人类不会对一些人和人类无关系的事物发生认识，即获取知识的目的是服务于实践。比如我们认识到了用手或扇子在脸旁轻轻扇动，可以使我们更凉快，这是有目的的认识。接下来，获取了某一知识，它还必须付诸实践，能够经得起实践的检验，只有经得起检验的知识才是正确的知识。

了解这一点，我们就可以勇敢地投入到实践中去，向社会学习，在实践中学习，在实践中学以致用，为社会做出贡献。

清华的学生思想不是很活跃，这是他们自己也承认的，在今天这个崇尚现实的社会里，清华人用自己的实际行动证实了实践的重要性。他们边学习，边实践，把知识运用到实际生活中，并在实践中得到了意想不到的收获。

1992 年以来，清华大学的大学生暑期社会实践团带着“奉献知识、服务社会、完善自我”的愿望走向祖国各地。这些学生有的服务贫困地区，有的到基层挂职锻炼，有的前往经济发达地区投身改革洪流，有的进行工程调查。1996 年清华大学学生暑期社会实践的主题为“志愿者扫盲与科技文化服务”。487 名清华学生组成的 42 个团队，累计一年多的时间，足迹遍及全国20多个省、市、自治区，产生了良好的社会效果，体现了当代清华学生关注社会、关注人民利益的时代精神和崇高的社会责任感。1997年，清华“自行车协会”会员骑车几千千米到达深圳，途经众多省市，对沿途进行了调查和服务活动，取得了重大的社会效应。另外还有“文教扫盲团”、“国企服务团”及“爱心万里行”等。

学以致用，直接投入社会经济之运行中服务社会，还仅仅是知识分子回报社会“显”的方面。在一个技术化、市场化的时代，人们往往只是看到这一方面，学校也主要要求这一方面。但人们忽视了或说忘记了知识分子从来不能被简单地等同于专家、科学家或技术人员，教授也从来不仅仅是一个职业。依中国古代“士”的传统，知识分子是一个社会的灵魂，是一个社会的良心。

他们从一个超越的层面保持着对社会的反省，对存在的问题的考察和对前进的方向与道路的探索。这是知识分子回报社会“隐”的方面，却又是最根本的方面。

近年来，社会实践成为学生们参与社会和改革的有效方式。

清华是知识密集的地方。在改革的今天，为社会发展贡献思想和方法是它义不容辞的责任。经济系学生常常结合自己的专业或带着中央有关单位的课题到基层进行调查研究，为中央提供决策依据。1985年夏，由经济系研究生平新乔等写作的《大多数经济现象是新生命诞生时的阵痛》一文发表在《世界经济导报》上，受到国务院的重视。

学生们还在沙龙讨论有关经济体制改革问题。这些热门话题都是中央和地方领导十分重视的。每到节假日，他们还走上街头，为群众提供咨询。如经济、法律、无线电系的同学常常会向群众解释物价与生活水平的关系，解释民事诉讼应该注意的问题，修理无线电、电视机等，受到群众的欢迎。

不仅要边学习边实践，把知识运用到实践中去，也要从实践中不断学习，学习书本上没有的知识，从而丰富自己的知识库存。因为知识的来源就是人类的实践。人类在不断地征服自然、改造自然的同时，发现了知识，创建了文明。认识到这一点之后就要努力地去获取知识，养成良好的实践中学习的习惯。从而寻找到一条成功的途径。

清朝有一个娃张的读书人，他讲古书时，可以滔滔不绝，讲得头头是道。可是，若让他去处理世事时，他却显得很迂腐。

有一回，他得到了一部兵书，如获至宝，把自己关在家里读了好几天，并自以为熟通兵法了。正好，有一群土匪聚众闹事，于是他就召集了众多士兵，前去平乱。可是，在他按兵书上所说的作战示意图行事之后，初次交锋就被土匪击溃，他自己也险些被土匪抓走。

后来，他又得到了一部关于水利方面的书，对书进行一番苦读之后，他认为他已能让所有土地变成良田。于是让人按他的图纸兴修水利，结果水从四面八方的沟渠流进了村里，险些把村里的人全部淹死。

这个故事听起来让人捧腹，但是也让人深思，它嘲讽了那些一切以书为法的读书人，那些书呆子不能对书本的知识进行变通，不知道把学与用结合起来，所以导致了不堪设想的后果。书上的知识与实际若结合成功，便证明了书上知识的合理性。如果与实际结合失败了，那就说明书上的知识是不科学、不合理的。

习惯物语

读书的目的在于应用，在于指导人们的生活，读书而不与实际相联系，是没有用的。最为行之有效的读书方法便是与实际相联系。

喜欢动脑

创造性学习是身心综合性活动的过程，创造性思维不仅是一种明确有序的显意识思维，更多的还是包含着直觉的洞察和灵感的闪现的潜意识参与的思维。人体科学研究表明，气功可以调整和改善人的生理机能，激活大脑深层闲置的神经细胞的潜意识作用，积极参与开发人的创造性思维活动，通过身心训练，激发人的学习潜能，开发人的智慧。但对气功的评价，有时已达到不切实际的地步，有的深陷于伪科学的泥淖之中。有的人有意无意之间将巫术与气功混为一谈，又给气功罩上一层迷信的色彩。这只能败坏气功的声誉。

学习有法，但无定法。任何一种学习方法都有它的局限性。上面谈的只是对创造性学习思路的部分提示，并不是创造性学习方法的模式，真正的有效的创造性学习方式正在每个学习者的学习中创造。

东东是个聪明而且顽皮的孩子，在学习上，他从不认为一道题只有一个答案，而是尽可能地找出更多的答案。

一次物理考试中，其中有一道题是“如果给你一只气压计，你怎样才能用它测量出一座大楼的高度？”由于快要交卷了，于是这个顽皮的男孩索性在试卷上写道：“把气压计系在绳子的一头，从楼顶放下去，只需要测量它到达地面时绳子的长度就行了。”

物理老师阅卷时被这个颇具创意的答案气炸了。东东被叫到办公室，老师问他：“这是你做出的答案？你没细心读过题吗？本题是问你怎样使用气压计。”

“好吧，老师，请再给我一些时间，我一定能找到更好的答案。”

第二天一早，男孩竟主动找到物理老师，说他发现了好些“切实可行”的测量方法，算起来居然有十多种。

老师十分诧异地看看他，问道：“你究竟找到了哪些方法呢？”

“比如，可以像普罗泰戈拉测量金字塔的高度那样，使气压计直立于地面，当太阳光下影子的长度与气压计高度相等时，测量地面上大楼影子的长度就能得出它的高度。

“另外，我还可以把气压计当重物，利用动滑轮将它吊到楼顶。用绳子的长度除以2。

“还可以尝试把那只气压计干脆从楼顶上扔下去，利用重力加速度计算出自由落体坠落的高度。”

孩子一口气说完了十来种方法，老师听了问道：“你既然可以想出这么多的‘花招’，怎么就没有思考过我为什么一定让你使用气压计？”

学生笑了：“其实我明白，你是要让我通过地面和楼顶的大气压差来得出答案。”

“对啊，你既然知道，为什么不早说呢？”

“我不愿意跟别人一样，这个答案太常规。”

“是想标新立异吗？”

"不是，是我发现所有的问题都不止一个答案。"

东东的这种创造性思维是在父母培养下养成的习惯，他的父母要求他解决每个题目要想出 5 种解答方法，而他却要求自己能想到更多。

试着寻找新的答案，这正是创造性思维区别于常规思维的一个重要特点。只有超越常规与传统，你的探索才会更有价值。

习惯物语

只靠简单的重复劳动取得自身学业的成功是极为困难的，只有不断开动自己的脑筋，坚持创造性学习，才能把书读好、读活，才有可能在学习上取得突出的成绩。

每天写日记

作文是语文学习的重要内容，写好作文的关键在于"多练"。但是，许多孩子"谈写色变"，觉得无话可写。坚持写日记则是提高写作的一个很好的途径。写日记没有字数规定，文体不限、题材不限；有事则写，有话则多写，孩子没有负担，没有压力，反而能够自由地把握生活中的闪光点，把所见、所闻、所感倾泻于纸上。日积月累，孩子便积累了大量的素材，写起作文来也不再无从下笔了。一些养成了写日记习惯的孩子说："我原来怕写作文，因为我脑子里空空的，没有材料，写起来只能说空话吹牛。现在我爱作文，因近两年来我坚持写日记，每天把有意义的事情记录下来，积累了不少材料，写作时就不感到腹中空空没什么可写了，而是千头万绪涌上心头，很想一吐为快。"

开始写日记时，对孩子而言确实是一个苦差事，大部分孩子往往觉得无话可写，是记流水账。为了有话可写，为了在日记里写出点与昨天不同的东西，孩子开始留心生活，看看周围的景色有没有变化，有没有新鲜的事发生。渐渐地，这种留心观察生活的习惯便养成了。孩子不仅留意到这些事情，而且还对周围的人与事进行分析、思考，进行是非美丑的价值判断。正是在这种思考中，孩子渐渐增强了观察事物和分析问题的能力，学会了区分真善美和假恶丑。

“日记日记，天天要记，很是不易”。现在孩子的课业负担都比较重，电脑、游戏机、电视的诱惑也很多，要孩子每天坚持抽出一刻钟到半小时写日记确实不容易。但孩子就是在抵制诱惑、克服困难的过程中，自我克制能力、做事的恒心得到了锻炼。一个导演谈到日记对他的影响时说道，记得小时候，妈妈天天下午让他写日记，他看着日记本，耳朵里满是院子里孩子的欢笑声。但是，不管他怎么要求，日记不合格，妈妈坚决不让他出去玩。那时候他觉得妈妈特别不通人情，现在回想起来，正是妈妈那种看似无情的教育给了他克服诱惑的勇气，使他能够超脱外界的压力，坚持把自己该做的事情做完。

我们都知道心情不好时可以狠狠地写下所有的坏情绪，或者把自己痛恨的人在日记里痛骂一千遍，然后痛哭一场，心里会舒服很多。在成长过程中，每个孩子都有孤独的日子，都有感觉不被理解的时候，而日记是他们最贴心、最永久的朋友。

一个大学生多年后还记得自己第一次写日记的经历。那一天，是他8岁的生日，吃完蛋糕，爸爸妈妈拿出一个精美的日记本，对他说：“从今天开始，你已经8岁了，是个懂事的大男孩，要开始有自己的秘密世界了。”他回忆说：“我坐在书桌旁，爸爸妈妈围在旁边，开始构思第一篇日记，写的就是我的生日。具体写了几句什么话我不记得了，只记得写完后，爸爸妈妈反复地读了又读，爸爸还让我跟我的日记本合影，好像我是创造了什么不可多得的佳作。我自己也很高兴，睡觉时还搂着日记本不放。第二天一放学，我就积极地写日记。在爸爸妈妈的不断鼓励下，我养成了写日记的习惯。如今，日记已经成为我生命中不可缺少的一部分，一有空儿，我就要把自己最近的想法到日记里一吐为快。”

习惯物语

日记是孩子营造的第一个秘密世界，是孩子自我认识、自我分析的重要手段。

擅长记忆

记忆是指人的大脑对经历过的事物进行贮存和再现的能力，通俗地讲，就好像把某件东西放在抽屉里，需要的时候再取出来一样。

苏霍姆林斯基说："记忆力的强弱在很大程度上，也可说在决定性程度上，取决于孩子在早期童年时代进入到意识中的语言的鲜明度和情感色彩程度。孩子接受这些印象的同时也就锻炼了记忆力。"

其实人脑就像是一个图书馆，一个人学习的、记忆的东西都会保存在这个图书馆内。当他需要用的时候，就可以用。但是，如果图书馆的书库中根本就没有进过那本书，怎么可能借给你呢？记忆就是过去的经历在人脑中的反映。一个人只有先去记，才可能在脑海中再现。

影响记忆力的因素是很多的，如动机、兴趣、记忆方法、睡眠、情绪、疾病等，但是，最关键的还是记忆方法。那么，应该怎样养成擅长记忆的好习惯呢？

一、掌握记忆的规律。记忆的过程是识记、保持、理解、再认、再现的过程。在这个过程中，识记是记忆的开始，保持是记忆的中心环节，理解是保持的基本条件，再认和再现是记忆水平和质量的反映。记忆有自身的规律，这是由遗忘规律所决定的。

二、找出最佳的记忆时间。每个人的最佳记忆时间是不一样的，一般来说，早晨和晚上睡觉之前是记忆效果比较好的时间。因为早晨头脑最清醒，记忆起来相对比较轻松：而根据心理学研究，在睡眠中的记忆力是不会下降的。因此，睡觉之前记忆材料，可以减少其他事物的干扰，从而减少遗忘。

三、激发对记忆的兴趣。兴趣是学习的老师，我们每个人只有对有兴趣的东西才能表现出很强的记忆力。

四、在理解的基础上进行记忆。所谓"欲要记，先要懂"，说的就是记忆要在理解的基础上进行。毛泽东说："感知的东西不一定能理解，但理解的东西则一定能更好地感知到。"理解记忆的基本条件是对材料进行感知和思维加工。有些材料，如概念、定理、法则、历史事件、文艺作品等，都是有意义的。记忆这类材料，最好先理解其基本含义，即借助已有的知识经验，通过思维进行分析综合，把握材料各部分的特点和内在的逻辑联系，从而使所要记忆的内容纳入已有的知识结构，保持在记忆中，而不要采取逐字逐句死记硬背的方式。只有理解了学习过的内容，才能较快较牢地记住。

许多著名的人物都有着非凡的记忆力。

著名的桥梁专家茅以升小时候看爷爷抄古文《东都赋》，爷爷抄完，他就能够背出全文了。茅以升晚年的时候还可以背出圆周率小数点后面百位精确的数字。著名植物学家吴征在十年动乱中，在缺乏资料和标本的情况下，全凭记忆力完成了近70万字的两部著作。

拿破仑对当时法国海岸所设置大炮的种类与位置都能正确记忆，并且能轻而易举地指出部下报告中的错误。他甚至对各邮政驿站的距离也清楚记得，比当时法国的邮政大臣还厉害。拿破仑还可以记住见过的每一个士兵的名字和面容。他说："没有记忆力的脑袋等于没有警卫的要塞。"

亚历山大是马其顿国王，在他33岁之前，就已经征服了大片土地，建立了横跨亚欧非三大洲的大国。亚历山大的记忆力也非常好，他的老师就是有名的思想家亚里士多德。亚里士多德对记忆力非常重视，他用各种方法教亚历山大增强记忆力。

世界记忆力冠军佐治是吉尼斯世界纪录的创造者，他的记忆力非常强。1989年，他在打破吉尼斯纪录后这样说道："我记了30副牌共1560张。那些牌在证人面前洗了2个小时。我用20小时看了那些牌并记住次序。我可以记错8张，但我只记错了2张。我用了2小时43分钟讲了1560张牌的点数。于是，我创造了吉尼斯纪录。"

佐治的这种超强记忆力是怎么形成的呢？原来，有一次，佐治去听一堂课时，发现自己老是记不住。于是，他就去图书馆找来一些可以帮助记忆力的书来看，从中总结出了记忆规律，再通过训练，他才有了这么好的记忆力。

习惯物语

事实上，一个人的记忆潜力是非常大的。据美国科学家研究，如果一个人始终好学不倦，他的大脑所能储存的各种知识将相当于美国国会图书馆藏书量的50倍。而美国国会的藏书有一千多万册。可以想象一下，一个人的大脑能够装下多少知识呀！

掌握读书方法

有人做过统计，发现正常人90%以上的信息来源于阅读。在信息量飞速增长的今天，阅读能力的高低已成为个人能否成才的重要条件之一。乐于阅读、善于阅读正是成功者的重要品质。

读书要讲究方法，也就是要讲“口到”，这是文豪鲁迅先生最为推崇的阅读之道。现代阅读心理学也证实有效阅读离不开“口到”。对于孩子而言，“口到”更有独特作用。

在阅读中，令父母伤脑筋的问题之一就是孩子常常走神分心，不能坚持阅读。出现这种情况并不完全是孩子不听话、故意捣蛋，而是与其神经系统发育有直接关系。由于孩子神经系统不够成熟，他们对自己行为的调控能力有待提高，这时候要求他们像初、高中生那样保持阅读目标，一以贯之地读下去，就有些勉为其难了。

不过，改善孩子阅读状况，减少甚至避免分心，也并非不能为。要做到这一点，可以运用“三到”原理，以孩子的“口到”带“眼到”、“心到”。也就是说，在训练孩子阅读能力时，遵循从出声地读到无声地读这样一个不断转化的阅读能力发展规律，用出声的朗读克服“眼睛串行”、“心神涣散”等状况。

出声的朗读促使孩子对自己读的过程不断进行反馈并积极思考，因此“口到”在孩子开始阅读训练时极为重要。但是，朗读往往使阅读速度较慢，而且在一些场合下并不适宜，所以又要注意引导孩子及时转化到无声阅读阶段，此时边看边思考尤为重要。在读的过程中，适时地插问，或事先确立阅读要解决的问题，让孩子眼到、心到，从而保证无声阅读的效率。

眼到、心到、口到，基本上解决了孩子阅读过程中注意力集中的问题。要达到良好的阅读效果还离不开“手到”；涂画、记录要点，记下疑问、感想，使阅读更为积极，而且加深理解和记忆。

掌握良好的读书方法，应注意以下几点：

一、先易后难。根据自己的实际水平，选择恰当材料，由易到难是极为重要的。一般而言，阅读材料中的生字词不超过字词总数的5%。在体裁上，学龄前的孩子以童话故事、短小的诗词为主，小学生阅读材料应以记叙文为主，简单的说明文、论说文为辅，意义明了、朗朗上口的短诗、儿童诗也可以。在文体上，童话、传奇、民间小故事也是小朋友所喜欢的。另外，也可以让孩子看报纸上的短新闻。

二、先精读后略读。精读侧重于阅读理解、领悟与分析；略读侧重于快速地捕捉某些信息。精读与略读都是最终应掌握的阅读方法。不过，由于孩子阅读能力有待提高，而且其任务侧重于获得坚实基础，所以精读的训练在先。精读训练基本过关，才可以进行略读训练。

三、多多益善。“韩信点兵，多多益善”。阅读能力的提高都是需要在大量的阅读实践中完成的。相当一部分父母倾向于孩子读好课本、读好老师发的阅读材料就行了，反对孩子读小说、杂志等“闲书”，认为这是不务正业。殊不知，许多“闲书”并不“闲”，而是开阔孩子视野，锻炼孩子思维，提高孩子阅读能力的很好“课本”。

小雨是个听话的孩子。最近一段时间，小雨的妈妈却对女儿很不满意。原来，小雨在读书时眼睛看着书本，确实在好好地读，可是读后却一问三不知，好像没读过似的。小雨自己也挺委屈的——为了读这些书，出去玩的时间都没有了！

问题出在哪里呢？从表面上看，阅读就是用眼睛看。实际上，阅读是一个处理信息的复杂心理过程，有效的阅读要求不仅眼睛看，而且用心“看”、用嘴“看”、用手“看”。

习惯物语

掌握良好的读书方法，对激发学生的学习兴趣有着重要的作用。

培养心理上的好习惯

孩子在成长的过程中，心理上容易产生一些消极的东西：抑郁焦虑、情绪不稳、不接受批评、贪得无厌、性格孤僻、羞怯心理、缺乏自律，只有克服这些消极的心理因素，建立心理上的好习惯，才能健康、快乐地成长。

性格开朗

许多心理学家研究表明：目前生活在都市里的一些孩子特别是独生子女，不喜欢与人交往，他们独来独往，不关心周围的人或事，在群体活动中表现被动等，这正是这些孩子性格孤僻的突出行为表现。

《西塞罗文录》中写道："假如一个人独自升天了，他看到宇宙的大观，他看到群星灿烂，但他并不感到快乐，他必须找到一个人述说他所见的奇景，他才能快乐。"

是的，人的天性是不喜欢孤独的，他需要扶助，而朋友是他最好的扶助。

在人的一生之中，是不能失去友情的。哪个人能失去友爱呢？连鲁宾逊在海岛上还要有个"星期五"做他的伙伴呢。

人的一生不能没有朋友，因为，没有朋友，你的一生将会孤立无援，冷冷清清。

交往是人类的一种基本需要，孩子作为一个社会成员，其社会交往活动，特别是他们同龄群体间的交往活动，既是他们最初社会性发展的需要，也是他们心理和个性发展的需要。如果孩子缺乏与同伴之间的交往，就不能理解、分享他人的喜怒哀乐，就会形成对他人他事的情感淡漠，并难以发展最初人际交往能力或宽容他人的心理调节能力。这种社会化程度较低的孩子，成人后会表现出离群索居的孤独倾向。

形成孩子性格孤僻既有生态、生活环境的原因，也有父母管教不当的原因。不管什么原因造成的性格孤僻，都会阻碍孩子早期社会性发展，影响孩子身心健康发展，所以必须引起家长足够的重视。

若要让孩子避免形成孤僻的性格特点，家长要有意识改变家庭生活环境的封闭状态，要“敞开家门”让孩子从“自我”的“独”的小圈子中走出去，参与交往、多交朋友、体验交往和享受交往。家长不要怕麻烦，要尽可能抽空把孩子带出去或把同事、朋友的孩子请到家里来，让孩子们在做游戏过程中体会交往的快乐，促使孩子消除与人交往的胆怯、惧怕的心理，增加他们交往的兴趣，并以此来帮助孩子正确认识他人和社会，走出自我心灵封闭的误区，以促进身心健康发展。

那么怎样和朋友和平相处呢？以下几点建议可供参考：

一、言而有信。朋友之间应该坦诚相对。对朋友之约或之托，能做到就答应，做不到就坦白相告。一旦答应一定要慎重对待，遵时守约，要一诺千金，切不可言而无信。不然会失去朋友间的信任。

二、亲切自然。朋友之间，如果过于散漫，不重自制，不拘小节，则使人感到你粗鲁庸俗，没有修养，对你产生一种厌恶之感。所以，在朋友面前应保持自然而不失自重，保持热情而不失礼仪。做到有分寸、有节制，才能赢得朋友永远的友谊。

三、尊重朋友，善纳人言。对朋友的好意相劝应认真考虑，适当采纳。如果你无视这一点，一意孤行，结果往往是自己吃亏，朋友受累。这必定使朋友感到失望，认为你不把朋友放在眼里，是个无为而多事之人，以后日渐疏远。

四、宽容大度。当你有事需要求人帮助时，首选对象当然是朋友，可你事先不作通知，临时登门索求，或不顾朋友是否情愿，强行拉他与你同去参加某项活动，这都会使朋友感到左右为难，如果他已有活动安排不便改变就更难堪。对你所求，若答应则打乱自己的计划，若拒绝又在情面上过不去。或许他表面上乐意而为，但心中却有几分不快，认为你太霸道，不讲理。所以，对朋友有所求时，必须事先告知，采取商量的口吻说话，尽量在朋友无事或情愿的前提下提出要求。

多一个朋友，多一条路，朋友一生一起走，不要让孤僻的性格成为你交朋友的绊脚石。

比尔·盖茨的朋友鲍尔默有句口号："一个人只是单翼天使，只有两个人抱在一起才能飞翔。"是啊，一个成就了伟大事业的人，他的背后一定会有朋友的支持。志同道合的朋友在一起，可以撑起一片天空。

这里要讲的是比尔·盖茨的另一个朋友，可以说因为他的存在，使盖茨如虎添翼，成就了叱咤风云的微软帝国。他就是微软帝国的总裁兼首席执行官——保罗·艾伦。

可以说艾伦是盖茨创业道路上最大的推动力。正是他拿着登有微型计算机研制成功的消息的杂志，去找盖茨，成功地说服了盖茨干点正经事。也正是艾伦对技术的痴迷使得全新的BASIC语言最终得以出现，使微软最终成为软件领域的巨人。还是艾伦和盖茨研发的操作系统逼迫IBM后来不得不加入到个人电脑的战团中来。那么，下面就讲讲这对"梦幻组合"的渊源。

艾伦是盖茨在湖滨中学的同学。其父亲当过20多年的助理管理员，因此从小博览群书。1968年，与盖茨在湖滨中学相遇时，比盖茨年长两岁的艾伦以其丰富的知识折服了盖茨，而盖茨的计算机天分，又使艾伦倾慕不已。两人成了好朋友，一同迈进了计算机王国，掀起一场软件革命。

在谈到他们之间的友谊时，盖茨回忆说："他读了4倍于我的科幻小说，另外，他还有许多解释自然之奥秘的天赋，所以，我就问他有关'枪炮工作原理'和'原子反应堆'之类的问题，保罗把这些都讲解得头头是道。后来，我们经常在一起做数学和物理作业，这就是我们何以会成朋友的原因。"

艾伦的特点是说起话来柔声柔气，为人很谦虚。这一点在最初的公司业务开展中起了很大的作用。在与罗伯茨合作改进BASIC程序的过程中，罗伯茨虽然敬重盖茨的技术能力，但非常不喜欢他的对抗方式。罗伯茨说：

“盖茨是一个被宠坏了的孩子，这就是问题的所在。”艾伦比盖茨更富于创造性，盖茨和我争来争去，但是一个好办法也拿不出来，可是艾伦能。他对我们公司还是有一些帮助，而盖茨只能是添乱。有了艾伦从中周旋，最初的合作才不至于破裂。

艾伦喜欢技术，专注于微软新技术和新理念；盖茨则以商业为主，销售员、技术负责人、律师、商务谈判员及总裁一人全揽了，两位创始人配合默契。艾伦在研发 BASIC 语言和操作系统方面显示了充分的远见。正是对于技术上的敏感，艾伦才不断地向盖茨提出创办公司的要求，并一再鼓动盖茨退学创业。

因为艾伦的谦让性格使然，微软公司开办之初，盖茨在合作协定中获得了微软公司大部分的权益。在公司股份中，盖茨占 60%，艾伦占 40%。因为盖茨可以证明他在 BASIC 语言的最初开发中做了更多，而艾伦也认可这一点。不久以后，这种比例又进一步调整为 64∶36。但是，从股份的多少不能划分的是盖茨和艾伦这个精干的创业团队，缺一不可。

艾伦为盖茨制定了“先赢得客户，再提供技术”的公司发展战略。1981 年，IBM 公司的个人 PC 问世，急需一个配套操作系统。又是艾伦从西雅图计算机公司搞到了 SCP－DOS 程序的使用权，两人对该软件程序作了扩展改编，重新命名为 MS－DOS，再返销给 IBM。MS－DOS 是微软开始走向世界软件业第一品牌的发家宝。

有时候，朋友不仅仅应该是你生活中的伙伴，还应该是你志同道合，与你携手共进的那个人。

习惯物语

一个人活在世上，朋友的扶助可以说是你重要的生存条件。把握好朋友间的温度，你会因为友谊的呵护而快乐着每一天。

懂得维护他人自尊

有人说过这样一句话："学会维护他人的自尊心，你会得到越来越多的朋友。"这话说得一点都不错，因为在日常生活中，每个人都极为重视自己，都喜欢谈论自己的得意之处，即使是你的好朋友也同样如此。所以维护和尊重他人的自尊心，实际上就是为了充分地驾驭对方打下基础。

我们在交际中，只要注意维护别人的自尊，那么不管对方是什么人，都同样会还报你以自尊。但是，在维护别人的自尊时，有时要注意使用不同的方式，因为有时候会涉及国籍的不同、文化的不同、习惯的不同，这也同样是应该注意的。

有这么一件事，说的是一位中国留学生在美国乘坐公共汽车，见到一位美国老人，便礼貌地站起来让座。老人不仅不感谢他，还面露愠色，道："我是男人，不是女士，难道你看不出来!"留学生道："可您是老人呀。"老人更加恼怒了，指着留学生吼道："你居然把我看成了老人，我真的那么老吗!"说完悻悻然地走了。留学生一脸委屈。如果在中国，这位留学生的做法不仅没有错，还应该受到称赞，但是在美国，没有人把自己当成老人对待，而且也特别讨厌别人把自己当成老人来看待，这位留学生的礼貌反而在无意中伤害了那位美国老人的自尊。学会维护别人的自尊，在日常交际中应该说是相当重要的，而且抓住别人的心理，适当地满足别人的自尊，可令你在交际中成为"得道者"。我们认为，在交际中要做到不刺激对方的自尊，应该首先做到以下几点：

一、不把对方的缺点当笑料；

二、不将对方的憾事当秘闻；

三、不要过于显示自己的优越感；

四、不要表现出对对方不屑一顾的神态；

五、不要使对方有被压制的感觉。

从前有一个渔夫，一天，他捕到了一只很大的牡蛎，他把牡蛎放在篓子里。渔夫睡下后，这只牡蛎已经干渴得要死了。它叹了口气：上帝啊，快救救我吧!”就在这时，一只老鼠从这儿经过。牡蛎准备利用这从天而降的唯一机会来挽救自己。“老鼠，您的心肠这么好，肯定能把我带到海边去吧?”老鼠看了牡蛎一眼，心里想，这个牡蛎又肥大又漂亮，一定富有营养并且可口。老鼠嘴上答应着，心里却想着要吃掉牡蛎，“但是，为了把你带到海边，你得把壳张开一点。你的壳紧闭着，我怎么带你走呢!”，“好的，听你的!”牡蛎同意了。于是，它十分警惕地将其壳半张半开。老鼠立刻伸过嘴巴就来咬牡蛎。尽管老鼠的行动很迅速，但牡蛎事先就预料到了这一步，一下子就夹住了老鼠的脑袋。老鼠疼得吱吱叫。叫声传到猫的耳朵里，猫立刻跑过来，捉住了这只害人害已的老鼠。这只猫吃了老鼠，饱餐了一顿，它为了感谢牡蛎，于是把牡蛎送回了大海。

老鼠因自私而想吃掉一个求助于它的生命，结果恶有恶报，最终是自己落入了猫的口中，成了别人的美餐。而猫却为了感谢牡蛎帮助它捉到了老鼠而将牡蛎送回大海，救了牡蛎一命。

从老鼠和牡蛎的故事我们可以看出，在伤害别人之前，要想到别人也会同样伤害我们。所以我们从小就要有一颗善良的心，害人之心不可有。

几年前，通用电气公司碰到了一个棘手的问题，公司不知该如何安排一位部门主管查理·史坦梅兹的新职务。史坦梅兹原先在电气部门的时候，是个一级天才，但后来调到计算部门当主管后，却发现现在的工作非已所长，不能胜任。但公司领导不愿伤他自尊，毕竟他是一个不可多得的人才——何况他还处事十分敏感。于是，当局给了他一个新头衔：通用公司咨询工程师——工作性质仍与原来一样——只是另换他人去主管那个部门。史坦梅兹对于这一结局当然很高兴。通用公司当然也很高兴，因为他们终于把这位易怒的明星遣调成功，而且没有引起什么风暴。

保留他人的面子，这是一个何等重要的问题。而我们却很少会考虑到这个问题。我们常喜欢摆架子、我行我素、挑剔、恫吓、在众人面前指责孩子，而没有多考虑几分钟，讲几句关心的话，为他人设身处地想一下，要是这样，就可以缓和许多不愉快的场面。

宾州的佛雷德·克拉克谈到了发生在他们公司的一段插曲。

“有一次开生产会议的时候，副总裁提出了一个尖锐的问题，是有关生产过程的管理问题。由于他气势汹汹，矛头指向生产部总督，一副准备挑错的样子。为了不在同事中出丑，生产部总督对问题避而不答。这使副总裁更为恼火，直骂生产总督是个骗子。

“再好的工作关系，都会因这样的火爆场面而毁坏。凭良心说，那位总督是个很好的雇员。但从那天开始，他再也不能留在公司里了。几个月后，他转到了另一家公司，据说表现很不错。”

纵使别人犯错，而我们是对的，如果没有为别人保留面子，就会毁了一个人。一位真正的领导应该遵循这一原则。

习惯物语

“尊重”是最重要的社交法则之一，连最起码的“尊重”都不懂得的人，不但不会得到别人的支持和帮助，还会成为一个受排斥的人。

做事有节制

贪婪是欲望无止境的一种表现，它让人永不知足。永远都不能知足是一种病态，其病因多是对权力、地位、金钱之类的贪婪。这种病态如果继续发展下去，就是贪得无厌，其结局是自我爆炸、自我毁灭。

其实，快乐是对追求过程的一种体验，而不是结果。结果无论成败得失，只要中间过程给你带来了欢乐喜悦，那就行了。有时，得而复失，失而复得，幻想破灭，空喜一场，这都是快乐的过渡和转化。

托尔斯泰讲过这样一个故事：

有一个仆人想得到一块土地，地主对他说：“清早，你从这里往外跑，跑一段就插个旗杆，只要你在太阳落山前赶回来，插上旗杆的地都归你。”那人就不要命地跑，太阳偏西了还不知足。太阳落山前，他是跑回来了，但已精疲力竭，摔倒在地上就再没起来。于是有人挖了个坑，就地埋了他。牧师在给这个人做祈祷的时候说：“一个人究竟要多少土地呢？也就这么大吧。”

这个世界，物欲大无穷，而人生却太有限。物欲太盛会驱使人的灵魂变态，永不知足，精神上永无宁静，永无快乐。

《伊索寓言》中有这样一则故事：

有一次，孙子和祖父进林子里去捕野鸡。祖父教孙子用一种捕猎机，它像一只箱子，用木棍支起，木棍上系着的绳子一直接到他们隐蔽的灌木丛中。野鸡受撒下的玉米粒的诱惑，一路啄食，就会进入箱子，只要一拉绳子就大功告成了。孙子支好箱子藏起不久，就有一群野鸡飞来，共有9只。大概是饿久了的缘故，不一会儿就有6只野鸡走进了箱子。孙子正要拉绳子，可转念一想，那3只也会进去的，再等等吧。等了一会儿，那3只非但没进去，反而走出来3只。

孙子后悔了，对自己说，哪怕再有一只走进去就拉绳子。接着，又有两只走了出来。如果这时拉绳，还能套住一只，但孙子对失去的好运不甘心，心想着还会有些野鸡要回去的，所以迟迟没有拉绳。

结果，连最后那一只也走了出来。孙子一只野鸡也没有捕到。

托尔斯泰说："欲望越小，人生就越幸福。"这句话蕴含着深邃的人生哲理。它是相对"欲望越大，人越贪婪，人生越易致祸"而言的。古往今来，在难填的欲壑中被葬送的贪婪者，多得不计其数。

一位富翁家的猫在散步时跑丢了，于是富翁就在当地电视台发了一则启事：有猫丢失，归还者，付酬金1万元，并有一张小猫的充满大半个屏幕的照片。

启事播出后，送猫者络绎不绝，但都不是富翁家的。富翁太太说，肯定是真正捡猫的人嫌给的钱少，那可是一只纯正的长毛波斯猫，并且那是她的心肝。于是富翁就把电话打到电视台，把酬金改为2万元。

一位沿街流浪的乞丐看到了这则启事，他立即跑回他住的窑洞，因为前天他在公园的躺椅上打盹时捡到了一只猫，现在这只猫就在他住的那个窑洞里拴着。

果然是富翁家的那只猫，乞丐第二天一大早就抱着猫出了门，准备去领2万元酬金。当他经过一家大百货公司的墙体屏幕时，又看到了那则启事，不过赏金已变成3万元。

乞丐又折回他的窑洞，把猫重新拴在那儿，第四天，悬赏额果然又涨了。

在接下来的几天时间里，乞丐没有离开过这个大屏幕，当酬金涨到使全城的市民都感到惊讶时，乞丐返回他的窑洞。可是那只猫已经死了，因为这只猫在富翁家吃的都是鲜牛奶和生鱼片，吃这位乞丐从垃圾筒里拣来的脏东西根本受不了。

时机不会出现在贪婪者的面前，即使有，贪婪的心也会把机会扼杀。

习惯物语

知足常乐。不要贪得无厌、不知满足，否则无尽的贪欲最终会毁掉自己。

热情待人

我们每个人都不得不承认：热情的力量是巨大的，它几乎可以改变整个世界。

热情是所有伟大成就过程中最具有活力的因素。它融入了每一项发明、每一幅书画、每一尊雕塑、每一首伟大的诗、每一部让世人惊叹的小说或文章当中。它是一种精神，具有一种无法摧毁的巨大力量。

卡耐基把热情称为“内心的神”。他说：“一个人成功的因素很多，而属于这些因素之首的就是热情。没有它，不论你有什么能力，都发挥不出来。”可以说，没有满腔热情，员工的工作就很难维持和继续深入下去。比尔·盖茨在被问及他心目中的最佳员工是什么样之时，他强调了这样一条：一个优秀的员工应该对自己的工作满怀热情，当他对客户介绍本公司的产品时，应该有一种传教士传道般的狂热！

著名人寿保险推销员、美国百万圆桌的会员之一的法兰克·派特。正是凭借着热情，创造了一个又一个奇迹。

派特，原本是职业棒球选手。当初他刚转入职业棒球界不久，就遭到了有生以来最大的打击，因为他被开除了。球队的经理认为他的动作太无力，要他走人。他对派特这样说："你这样慢吞吞的，像是在球场混了20年。法兰克，离开这里之后，无论你到哪里做任何事，若不提起精神来，你将永远不会有出路。"

派特离开了棒球队，但是经理的话对他产生了巨大的影响，他的一生从此转变。接着，派特去了新凡的棒球队，他告诉自己：我要成为英格兰最具热情的球员。

在新凡，他一上场，就好像全身带电一样，强力地击出高球，使接球的人双手都麻木了。即使是气温高达55℃的时候，随时都可能中暑昏倒，他也依然在球场上奔来跑去。

这种热情所带来的结果让他吃惊，因为热情，他的球技出乎意料地发挥得很好。同时，由于他的热情，其他的队员也跟着热情起来。大家合力打出了那个赛季最好的比赛。

后来由于手臂受伤，派特不得不放弃打棒球。他改了行，到了菲特列人寿保险公司当保险推销员，他把自己的热情持续下去，很快他就成了人寿保险界的大红人。后来更被美国百万圆桌协会邀请加入成为会员。只要你有热情，再比别人多一点热情，你就能比别人收获得更多。派特说："我从事推销30年了，见到过许多人，由于对工作抱持的热情的态度，他们的收效成倍地增加，我也见过另一些人，由于缺乏热情而走投无路。我深信热情的态度是成功推销的最重要因素。"

热情的态度是做任何事的必要条件。任何人，只要具备了这个条件，都能获得成功。热情可以让他的事业飞黄腾达。

如果你想成功，不要一味地去追求成功。只要你做自己热爱的工作并相信它，成功自然会到来。

习惯物语

自然界中，喷泉的高度不会超过它的源头，一个成功的人，他的成就绝对不会超过他的目标。

没有依赖心理

依赖性强的人往往表现得没有主见，缺乏自信，总觉得自己能力不足，甘愿置身于从属地位。遇到事情总想依赖父母、老师或同学，总希望他们能为自己做出决定，不敢独立负责。依赖性强的人往往喜欢与独立性强的人交朋友，他们显得很顺从，希望独立性强的人能给他们出主意。如果失去了可以依赖的人，他们常常不知所措。

依赖性这一不良表现如果得不到及时的纠正，发展下去危害很大。依赖性过强的人可能对正常的生活、工作都感到很吃力，内心缺乏安全感，很容易产生焦虑和抑郁等情绪反应，影响身心健康。如何矫正这一不良性格呢？以下提出几种建议：

一、培养自信心。大多依赖性强的人都不太自信，遇到问题时不敢自己想办法解决，只好请求家长或老师、同学帮忙。所以他们自信心的自我培养就非常重要。首先要相信通过自己的努力，是能处理自己生活和学习问题的；其次是发现自己的才能，独立解决一些问题，增强自信心。

二、调整与父母的关系。应多与父母交流沟通，让他们知道这样的教育方式不仅桎梏独立性与创造性，丧失自尊心和自信心，也不利于身心健康，应该适度放手，给予了解周围世界的自由。

三、寻找独立锻炼的机会。如在学校中主动要求担任一些班级工作，以增强主人翁的意识，使自己有机会去面对问题，能够独立地拿主意，想办法，增强自己独立的信心。在家里，要有意识地培养自己的生活自理能力和独立性，帮助父母做一些家务活。自己的一些事情先要自己想一想，自己拿主张。

四、多向独立性强的人学习。同伴的作用有时甚于父母的影响，因此可以在老师的帮助下，与独立性较强的人交往，观察他们是如何独立处理自己的一些问题的，向他们学习。同伴良好的榜样作用可以激发我们的独立意识，改掉过分依赖他人这一不良性格。

古希腊神话中有这样一个故事。

宙斯之子赫拉克勒斯小时候，曾碰到过两位女神，一个叫美德女神，一个叫恶德女神。

恶德女神对他说："孩子，跟我走吧！包你有享不完的荣华富贵！你要什么，我一定满足你什么！"

美德女神对他说："孩子，跟我走吧！我将教会你如何勇往直前！而你也必将在战胜艰险的过程中变得坚强无比！"

赫拉克勒斯想了想，毅然跟定了美德女神。这以后，他果然出生入死，在战胜无数毒蛇猛兽的过程中变得刚强无比，为人类屡建奇功，成了希腊神话中首屈一指的最了不起的英雄！而且，正是因为这个，他才得到青春女神的爱情——成了青春女神的丈夫！

真佩服古希腊人的深刻思想和对善恶的区分，原来，"要什么就有什么"非但不是什么幸福，而且恰恰是一种恶！反之，只有自觉地挑战磨难，才是人生最理智的选择！才能真正体现出青春的壮丽！

要什么有什么的安乐生活可以让人获得感官上的舒适，却不会让你在能力才华、品德等生命力方面有任何收获。

不要总想借助外物来获得成功，去掉依赖心，靠你自己的实力来赢得一切。试一把吧！

习惯物语

只有自立之人，才会有拯救自己的方法。

别人可以在必要时扶你一把，但别人还有别人的事，不能变成你的一部分，不能永远扶持你。还是拿出勇气来，承认"坚强独立，自主多福"这8个字吧！

一个人决不能坐享其成，如此下去，往往适得其反。

遇事不羞怯

羞怯是一种逃避行为的最常见形式，其表现是多种多样的。在日常生活中，常常会看到这样的现象；有的人在路上碰到熟人因怕羞故意躲避；有的人不敢在大庭广众之下讲话，一讲就会脸红舌硬。上述情况在心理学上称为怕羞心理。

在日常生活中，过分怕羞有碍于学习和人际交往。这是因为有怕羞心理的人过多地约束和拘谨自己，而难与人建立亲密的关系；因沮丧、焦虑和孤独则导致性格上的软弱和冷漠；因怕羞而怯懦、胆小和意志薄弱。如何克服怕羞心理呢?

一、不要害怕别人的议论。仔细分析那些怕在大庭广众中讲话、羞于与人打交道的人，便不难发现，他们最怕别人否定的评价。这样越怕越羞，越羞越怕，形成恶性循环。其实，被人评论是正常的事，不必过分看重。有时，否定的评价还有可能成为激励自己的动力呢。

二、借助周围的人激励自己。来自父亲或母亲的夸奖，对于我们而言是种激励，但有时候，兄弟姐妹、叔叔、阿姨等孩子周围的人所给予的赞美，对我们的影响效果更大，往往会成为促使我们进步的最好动力。

当听到别人的赞美和鼓励时，我们首先要相信是自己的表现打动了他们，因此要相信他们的赞美是真诚的和发自内心的，在这样一种良好的心态下接受赞美，定会增长自信。

三、要充满自信。一般说来，我们注意到的事物比父母想象中的要多得多。对于害羞而又非常敏感的小朋友来说尤其是这样。在困境中或者新的环境中，我们要感觉到，父母和亲友一直就在自己的身旁，关注和支持着自己。

四、熟悉可能会出现的困境。我们可能羞于和他人交往或者参与某些事情，因此要事先做好准备，一定要尽力扫除障碍；同时注意行为要巧妙一些，这样就能使我们对困境的恐惧感少一些。

在事情发生之前，要知道可能发生什么，并激励自己保持积极的态度；同时，描述那些事件时不要过于戏剧性，否则会因出现相似的反应而感到有压力。

要精心安排真正参与事件的时间，这样它的发生对我们来说就可以恰到好处，不要显得过于突然。在单独留下前，要尽可能地适应环境。

五、讲究锻炼方法。开始可以先在熟人范围里多发言，然后在熟人多、生人少的范围内练习，再发展到生人多、熟人少的场合，循序渐进，逐步增加对羞怯心理的抗力。每到一个新场合之前，事先做好充分准备，增强信心，提高勇气。

当萧伯纳被问及他是如何学会声势夺人地当众演讲时，他答道："我抓住每一次面对众人锻炼的机会，而不害怕会出丑，就像我学习溜冰一样——我固执地一个劲儿地让自己出丑，至今我也习以为常。"

年轻时，萧伯纳是伦敦最胆怯的人之一，常常是犹豫地耗上20分钟或更多的时间，才壮起胆子去敲人家的房门。他自己也承认："很少有一人像我这样为如此胆小而痛苦，或极度地为它感到羞耻。"

后来，他无意中用了最好、最快、最有把握的方法来克服羞怯、胆小和恐惧。他决心把弱点变成自己最丰厚的资产，为此加入了一个辩论学会。只要在伦敦有公众讨论的聚会，他一定参加。萧伯纳全心全意地投入社会主义运动，并四处为该运动演讲，结果，他把自己锻炼成了20世纪上半叶最具信心、最出色的演讲家之一。

当众发言首先需要胆量，要有勇气面对听众，不怕出差错。最重要的是要能明确表达自己的见解。

说话要字正腔圆，声音响亮，速度适中，语调要有抑扬顿挫，富于节奏变换。

习惯物语

英国哲学家黑格尔说过："人应尊重自己，并应自视能配得上最高尚的东西。"对于怕羞的人来说，千万不要为自己的短处而紧张，恰恰相反，应经常想到自己的长处，要深信"天生我材必有用"。要培养自信心，相信只要兴致勃勃地干，自己的能力必定能发挥出来。

情绪稳定

每个人都有自己的情绪，而情绪是一种很难控制的东西。有许多人能把情绪收放自如，这个时候，情绪已不仅是一种感情上的表达，而且成了攻防中使用的武器。

有时候，掌控不住情绪，不管三七二十一发泄一通，结果搞得场面十分难堪。生活中，每个人都难免会碰到这种擦枪走火的状况。但是，聪明人有将不良的情绪马上收回来的本事。因为这关系到你能否在社会上游刃有余地生存。

自古以来，评价人的标准，只要看一个人的涵养和行事的风格，就知是否可以成为可塑之才，是否有大将之风。因此，要成为人上人，除了常识与能力之外，全视其能否将情绪操控得当。

有一个故事：法国人从莫斯科撤走后，农夫和商人在街上寻找财物。他们发现了一大堆烧焦羊毛，两个人就各分了一半捆在自己的背上。

归途中，他们又发现了一些布匹，农夫将身上沉重的羊毛扔掉，选些自己扛得动的较好的布匹。贪婪的商人将农夫所丢下的羊毛和剩余的布匹统统捡起来，重负让他气喘吁吁、缓慢前行。

走了不远，他们又发现了一些银质的餐具，农夫将布匹扔掉，捡了些较好的银器背上，商人却因沉重的羊毛和布匹压得他无法弯腰而作罢。

突降大雨，饥寒交迫的商人身上的羊毛和布匹被雨水淋湿了，他踉跄着摔倒在泥泞当中，而农夫却一身轻松地迎着凉爽的雨回家了，他变卖了银餐具，生活富足起来。

就像农夫和商人选择羊毛、布匹或是银餐具一样，选择好情绪还是坏情绪全由你自己决定。情绪是自己的，控制好它，会带来无穷益处。

有的人，你不能说他懒惰，可是他却一事无成，原因是什么呢？他分不清什么是人生的重点，找不出他的目标所在。其实人生就好比打仗，每个人的兵力都是有限的，如果一个人的战线拉得太长，兵力过于分散，那么他就没办法发动有杀伤力的进攻。相反，虽然你的兵力不多，只要能够集中兵力，把劲往一处使，堡垒还是可以一个一个地击破的。

那么，怎样才能控制好自己的情绪呢？

要善于发泄自己心中的怒气。头脑不冷静是有原因的，都是由于突然的刺激，怒火中烧而引起的。如果能把心中的怒气发泄掉，那么头脑也就会冷静了。发泄怒气的方法有多种。国外有一种俱乐部，在里面给你提供一切设备供你发泄，如有橡皮人给你殴打，镜子供你摔扔，家具让你毁坏。等你发泄一阵子以后，怒气也就消了，头脑也就冷静了。这确是一个好办法。而林肯，这位著名的政治家，他的发泄方法与人不同。每当他心中十分愤怒时，他就写信，信写好了，但不寄出，把它撕掉，这样头脑也就冷静下来了。

控制好情绪需要理性的克制，克制乃为人的一大智慧，它有助于人们在攀登理想境界的征途中消除情感世界不可避免的潜在危机。因而，对于一个成功的开拓者来说，它既是实现既定目标的保证，又是取得更大成功的起点。

古代有个尤翁，他开了个典当铺。有一年底，他忽然听到门外有一片喧闹声。他出门一看，原来门外有位穷邻居。柜台的伙计就对尤翁说："他将衣服压了钱，空手来取，不给他，他就破口大骂。有这样不讲理的人吗？"

门外那个穷邻居仍然是气势汹汹，不仅不肯离开，反而坐在当铺门口不停地大骂。

尤翁见此情景，从容地对那个穷邻居说："我明白你的意图，不过是为了度年关。这种小事值得一争吗？"于是，他命店员找出那个典当之物，共有衣物、蚊帐四五件。

尤翁指着棉袄说："这件衣服抗寒不能少。"又指着道袍说，"这件给你拜年用。其他的东西不急用，现在可以留在这里。"

那位穷邻居拿到两件衣服，不好意思再闹下去了，于是立刻离开了。

当天夜里，那个穷汉竟然死在别人的家里。

原来，此人同那家人打了一年多的官司，因为负债过多，不想活了。于是就先服了毒药，他知道尤翁家富有，想敲诈一笔，结果尤翁没吃他那一套，没傻乎乎地当了他的发泄对象，他于是就转移到了另外一家。

事后有人问尤翁，为什么能够事先知情而容忍他。尤翁回答说："凡无理来挑衅的人一定有所依仗。如果在小事上不忍耐，那么灾祸就会立刻到来。"

人们听了这话都很佩服尤翁的见识。

习惯物语

生活中，面对不同的环境、不同的对手，有时候采用何种手段已不太关键，而如何保持好自己的情绪才至关重要。情绪处理得好，可以将阻力化为助力，帮你化险为夷；情绪若处理得不好，便容易失去控制，产生一些非理性的行为。

心胸开阔

一个人如果心胸狭小，总是从自私的角度去看问题，那么怎么能容忍别人呢？成大事者力戒为人心胸狭隘，主张宽容他人，因为只有这样，才能赢得人心。毫无疑问，宽容不仅是习惯，也是一种品德，是有助于成功的习惯之一，是成大事所必备的德行之一。

中国人注重"德"，一个人有"德"才会服人，有才无德，这样的人也许可逞一时之势，却不能把握历史的方向，最终还是会被时间所摒弃。正是本着中华民族的这种"德"而行，多少中华名士用他们身上的美德征服了世人，用他们的宽容征服了世界。

人生在世，总会有许多风雨坎坷，怎样活得痛快，活得潇洒，也是我们面临的一个问题。其实，只要你豁达些、宽容些，有许多问题就会迎刃而解了。

宽容豁达是一种博大的胸怀、超然洒脱的态度，也是人类个性最高的境界之一，也是一种"德"。一般说来，豁达开朗之人比较宽容，能够对别人不同的看法、思想、言论、行为以至他们的宗教信仰、种族观念等都给予理解和尊重，不轻易把自己认为“正确”或者“错误”的东西强加于别人。

豁达是一种宽容，恢宏大度，胸无芥蒂，吐纳百川。豁达的人心大、心宽。只有用积极乐观的人生态度去对待一切，你的心胸也就会随之宽广起来，整个人也就会变得豁达起来。

当然，宽容并非等于无限度地容忍别人，开朗并不等于对已构成危害的犯罪行为接受或姑息。但对于个人而言，宽容往往会有更好的人际关系，自己在心理上也会减少仇恨和不健康的情感；对于一个群体而言，宽容开朗无疑是创造一种和谐气氛的调节剂。

因此，宽容是建立良好的人际关系的一大法宝，以德服人是你拥有凝聚力的重要武器。只有用“德”去治人，治你的事业之天下，你才会信心百倍地走向成功，同时也是一个人完善个性的体现。

宽容是能够让人养成品德高尚的习惯，我们应该拥有这个习惯，从现在开始，让宽容、豁达主宰你的品行，开创你的美好人生。

第二次世界大战结束后不久，在一次大选中，丘吉尔落选了。他是个名扬四海的政治家，对他来说，落选当然是件极狼狈的事，但他却极坦然。当时他正在自家的游泳池里游泳，是秘书气喘吁吁地跑来告诉他：“不好，丘吉尔先生，您落选了！”不料丘吉尔听了却爽朗地一笑说：“好极了，这说明我们胜利了，我们追求的就是民主，民主胜利了，难道不值得庆贺吗？朋友，劳驾，把毛巾递给我，我该上来了！”丘吉尔是那么从容、那么理智，成功地表现了一种极宽容豁达的大政治家的风范。

习惯物语

一个人如果心胸狭窄，没有一颗宽容的心，不会与人为善，不懂得与人合作，那他难免会滑入“有才无德”的黑暗隧道。

虚心接受批评

比尔·盖茨认为，一个人无论什么时候都要虚心接受批评，尤其是成长中的年轻人。然而不同的是，有的人刚愎自用，受不得半句批评；有的人虚怀若谷，有批评必一概采纳；有些人当面千恩万谢地接受，转个身却忘得一干二净；有的人当面硬不认错，死要面子，背地里却能小心地检讨。

以上四种人都不能算是懂得接受批评的人，因为第一种人和第四种人没有接受批评的雅量，显得风度不佳；第二种人没有审度批评的能力，容易随风倾倒；第三种人没有采纳批评的诚意，只是巧言令色。

那么怎样才是面对批评的最佳态度呢？

情商高的人往往从积极的方面来理解别人的批评，特别是严厉的批评。他们会把别人的批评看作自己改进工作、完善个性、克制情绪、提高心理承受力以及激发斗志的机会。

傻子受到一点点批评就会发起脾气来，可是聪明的人却急于从这些责备他们、反对他们和“在路上阻碍他们”的人那里学到更多的经验。美国著名诗人惠特曼这样说：“难道你的一切只是从那些羡慕你、对你好、常站在你身边的人那里得来的吗？你从那些批评你、指责你的人那里学来的岂不是更多？”

我们都应该接受善意的批评，因为人非圣贤，孰能无过，而且往往是错的时候比对的时候多。爱因斯坦就说过，99%的时间他的结论都是错的！

比尔·盖茨常说：“竞争对手的意见常常比我们对自己的看法中肯得多。”可是我们一听到有人在批评自己时，连批评的内容还没搞清楚，就本能地要替自己辩护。人总是喜欢听好听的话，人是感情的动物，理智一碰到感情，就像冰逢烈火，霎时就可以熔解得颗滴无存。

然而，有些东西是需要学的，学着谦虚，学着聪明，学着不要急着为自己辩护，学着对自己说：“如果那个人知道我所有的缺点，他的批评就不会那么温和了。”

那么，当我们受到批评时该怎么办？成功大师卡耐基告诉我们一个办法，当你因为自己受到批评而生气的时候，先停下来说“等一等……我离所谓完美的程度还差得远吗？如果爱因斯坦承认 99% 的时候他都是错的，也许我至少有 80% 的时候是错的，也许我该受到这样的批评，如果确实是这样的话，我倒应该表示感谢，并想办法由这里得到益处”。

如果有人骂你是该死的傻瓜，你会大发雷霆还是反唇相讥？林肯的陆军部长史丹顿就曾骂过他是该死的傻瓜，因为林肯为了讨好某个自私的政客，便签署了一道命令转移某些兵团。史丹顿拒绝执行这道命令，还大骂林肯竟然会下这种命令，简直是该死的傻瓜。有人迅速地报告给了总统，林肯却平静地说：“如果史丹顿说我是该死的傻瓜，那么我一定是，因为史丹顿一向是对的。我得过去看看这到底是怎么一回事，我究竟错在哪里。”

林肯果真去找了史丹顿，史丹顿让他明白了那道命令的确错得离谱，林肯便撤回了命令。从此事可以看出林肯是一个谦虚之人，因为他认为只要批评是出于善意的，而且言之有理，它的作用比赞美还要大。

习惯物语

如果你想从别人的批评中获益，那么，请记住下面的话吧：

“我们要留下自己干过的错事记录，批评我们自己。因为我们不可能做到完美的程度，让我们接受别人给自己很坦白的、有用的、建设性的批评。”

培养交往上的好习惯

良好的交往习惯可以保证一生的友谊。在家靠父母，在外靠朋友，朋友靠交往。学习正确的交往方式、养成良好的交往习惯是为人处世的根本。注重培养与不同人交往的礼仪与规则，学习尊重别人，学会正确处理自己与他人之间的矛盾，这将有利于我们一生都可获得持续不断的友谊。

经常帮助他人

雷锋，我们学习的榜样。提到雷锋，我们首先想到的就是他尊重他人、乐于助人的品格。

“助人为乐”这四个字，蕴涵着人世间最真最美的意义。“助人”为什么会快乐呢？因为可以从帮助别人的过程中发现自己的生存价值。由于你的帮助和付出，使别人的困难得到解决，把别人的不方便变成了方便。这是一种成功的体验，你一定觉得自己“还有点用呢”！正像大文学家歌德所说的那样：“你若要喜爱你的价值，你就得给人创造价值。”

“助人为乐”说起来简单，但要体味到“乐”却并不容易。这种习惯要从小培养，这种心态也要从小体会。

人们常常说：“种瓜得瓜，种豆得豆。”在你心灵这片土地上，从小播下“助人为乐”的种子，长大后，就会关心别人的疾苦，多为他人办好事，体验到人生的快乐。如果种下“自私自利”的种子，长大后只会注意自己的事，怎么能在社会上有所作为，又怎么能获得快乐呢？

乐于助人不仅是一种做人的美德，也能为你赢得好人缘，结交更多的好朋友。

当别人有困难时，尽力地帮助他，这样当你有事相求时，他就会竭力帮你。中国有句俗语“滴水之恩，当涌泉相报”，就是这个道理。我们处世为人，要求谨慎持守道德。舍己为人，亏己利人，薄己厚人，损己益人，把持着这四项基本观念，人们就会心悦诚服。

要关心他人的境遇和需求。有时别人有困难，又不好意思直说，如果你能善解人意，设身处地地为他想一想，尽可能地主动帮他解决难题，那对方一定感激不尽，并把你当成知心朋友而铭记不忘。

老子说：“尽力照顾别人，我自己也就更加充实；尽力给予别人，我自己反而更加丰富。”这就需要至诚，以最完美的德来辅佐这个最崇高的诚，使它感人至深。他人有恩德于我，虽是一碗饭的施舍，也不能忘记；我有恩德于他人，虽是救死之恩也不能企望报答，也不能向他人提及，也不希望回报。这也就是古代圣人所说的“施恩德于人不望回报，受到他人施的恩惠千万不能忘记”的道理。

比如你发现同学、朋友一时情绪低落，就应主动关心、了解情况，看看能不能帮上什么忙，给以安慰、开导，让他说说心里的事情，使之振作起来。这样对人乐善好施，有时也许就是举手之劳的事，但往往能换来长久的友谊。

我们总会在现实生活中遇到一些困难，遇到一些自己解决不了的事情，这时候如果我们得到别人的帮助，我们就会永远地铭记在心，内心感激不尽，甚至终生不忘。濒临饿死时送一个萝卜和富贵时送一座金山，就其内心感受来说是完全不一样的。我们要做的，不是在别人富有时送他一座金山，而是在他落难时，送他一碗面、一盆火、一碗水。雪中送炭，才能显出人性的伟大，才能显示友谊的深厚。

世事无常，每个人都会遇到困难。我们要努力去帮助别人，记得在别人落难的时候拉人一把，在别人有困难的时候及时伸出援手。

在别人最困难的时候伸出援手，胜于你在别人富裕时送给他一座金山。人类在互相的支持之下发展到了现在的这个时代。

在你无意间帮助一个人时，你或许没有想什么，可是对于这个人来说，有可能是影响他一生的一件事情。

记得看过一本书，有一个年轻人跪在大街上跟过路人要钱，可是由于他很年轻，因此给他钱的人很少，这时过来一个老人，他叫年轻人站起来，说道：“我从来不给别人钱，只借给人钱，你拿着，以后还我。”年轻人似乎很受启发。过了几年之后，年轻人敲开了一家大门，他手里拿着要还的钱，如今他已成一家公司的老总。

也许当这位老人借给年轻人钱的时候，他从来就没有想过要他还给自己，但是他用这种方法，无意中却让一个人有很大的转变，如果他也像其他人一样，扔给年轻人一点钱，也许那个年轻人还是一事无成。老人无意中的帮助，叫年轻人有了完全不同的人生。

因此，平时多做善事，不但利人而且利己。

赵小军长着一个大大的脑瓜，耳朵和嘴巴也是大大的，看上去一副憨憨实实的样子，他对人、对事、对学习也确实有那么一股实在劲儿。“我能行”、“我来干”、“我帮你”这些话他常常挂在嘴边。

班里总有一些爱丢三落四的同学，不是今天忘了带这个，就是明天忘了带那个，十分影响学习。起初，好心又细心的小军常多带上几件同学们经常忘带的东西，借给他们用。为了更好地解决这个问题，赵小军做了一个“小军万能袋”，放上同学们常用的钢笔、铅笔、橡皮、尺子、毛巾等，真是应有尽有，为同学们解决了不少问题呢！为了让那些爱忘事的同学也养成好习惯，小军在每件东西上都要写上一些“你又忘了，刮你鼻子”、“下次要记得带上哟”等非常有意思的忠告，慢慢地，同学们也就记住了，丢三落四的毛病也改了。

赵小军最爱干的活是午饭时为同学们分饭菜。热腾腾的饭菜一端进教室，小军就拿着饭勺，你一勺他一勺地分起来。看到同学们狼吞虎咽地吃着香喷喷的饭菜。小军心里甜滋滋的。可是，轮到小军吃的时候，饭菜早就凉了。有一次午饭吃的是红烧排骨，一人一块。班里有个挺能吃的同学，几口就把自己分得的那块吞了下去。接着，他又眼巴巴地看着菜盆里剩下的排骨。可是，菜盆里只剩下一块排骨了，那是属于小军的。“给，这儿还有一块！”小军看到这个同学还想吃，就毫不犹豫地把自己的那块排骨也让了出去。虽然小军没有吃到香喷喷的排骨，只能一个劲儿地咽口水。但他心里却有一种说不出来的高兴。

赵小军同学把帮助别人解决困难当成自己的快乐，所以他就比别人更快乐。同学们喜欢赵小军，选他当“十佳少先队员”。

赵小军的故事让我们明白了这样的道理：你把最好的给了别人，就会从别人那里获得最好的回报。你帮助的人越多，你得到的也会越多；你越小气，就越一无所有。

人对雪中送炭之人总是怀有特殊的好感。三国争霸之前，周瑜并不得意。他曾在袁术部下为官，被袁术任命为居巢长——一个小县的县令。这时候地方上发生了饥荒，粮食问题日渐严峻起来。居巢的百姓没有粮食吃，就吃树皮、草根，活活饿死了不少人，军队也饿得失去了战斗力。

周瑜作为父母官，看到这悲惨情形急得心慌意乱，不知如何是好。这时有人前来献计，说附近有个乐善好施的财主鲁肃，他家素来富裕，想必囤积了不少粮食，不如去向他借。周瑜带上人马登门拜访鲁肃，刚刚寒暄完，周瑜就直接说：“不瞒老兄，小弟此次造访，是想借点粮食。”鲁肃根本不在乎周瑜现在只是个小小的居巢长，哈哈大笑说：“此乃区区小事，我答应就是。”鲁肃亲自带周瑜去查看粮仓，这时鲁家存有两仓粮食，鲁肃痛快地说：“也别提什么借不借的，我把其中一仓送给你好了。”周瑜及其手下一听他如此慷慨大方，都愣住了，要知道，在饥谎之年，粮食就是生命啊！周瑜被鲁肃的言行深深感动了，两人当下就交上了朋友。后来周瑜发达了，当上了将军，他牢记鲁肃的恩德，将他推荐给孙权，鲁肃终于得到了干一番事业的机会。

习惯物语

世事无常，每个人都会遇到困难。我们要记得帮助别人，记得在别人落难的时候伸出援手。因为说不定哪天我们也会落难，也会需要帮助，如果我们对别人的事情不闻不问，那我们还能要求别人帮助我们吗。“种瓜得瓜，种豆得豆”，这俗语虽然有些宿命论的色彩，但是在现实生活中，还是有它的一定道理的。

懂得与人合作

合作就是团结互助，由于竞争成为日常生活各个领域中一种无处不在的现象，团结互助就显得尤为重要。当今竞争的社会更需要合作精神。事实上，纵观古今中外，凡是在事业上成功的人士都是善于合作的人。

李嘉诚的名字在海内外已经家喻户晓、妇孺皆知。分析他成功的一生，助他走向辉煌的因素有很多，但其中一个主要的原因就是他善于合作，善于和各类竞争高手团结协作。在他的麾下，聚集着这样一群人：

霍建宁，毕业于香港大学，后去美国留学，1979 年学成归来被李嘉诚收归长江实业集团，出任会计主任。1985 年被委任为长江实业董事。他有着非凡的金融头脑和杰出的数字处理能力。

周千和，20 世纪 50 年代初期就追随李嘉诚，是与李嘉诚先生南征北战多年的创业者，他勤劳肯干，真诚待人，为人处世严谨精明。

周年茂，周千和的儿子，曾在英国攻读法律，对各项法律条文了如指掌，是经营房地产的能手，属书生型人才，被李嘉诚指定为长江实业发言人。

洪小莲，20 世纪 60 年代末期起就是李嘉诚的秘书，跟随李嘉诚 20 余年，为李嘉诚立下了汗马功劳。她精明强干、雷厉风行，颇有“女强人”之风。

上述四员大将均属创业奇才，李嘉诚把他们拢在自己帐下，从而使自己成为一个真正拥有人才的大老板。因为他深深明白，成功离不开团结协作。今日这种经济竞争，说到底更是一种人才的竞争。如果拥有了各种人才，并引导他们贡献自身的努力和聪明才智，就能在竞争中取胜。

李嘉诚还采取“古为今用，洋为中用”的方针，把团结协作运用得淋漓尽致。为了避免东方式的家庭化的企业管理模式，他在 20 世纪 60 年代就开始大胆启用洋人。他聘请了一位美国人 PoulLvons 做经理，由他配合原来的基层管理人员实行企业的国际化管理。到了 80 年代，他又大胆启用了英国人马世民。马世民聪明好学，积累了大量融合东西方企业管理精华的管理经验，是个难得的人才。当时，虽然马世民还名不见经传，但李嘉诚却提升他做了和记黄浦董事兼总经理。

由李嘉诚一手构建的这个拥有一流专业水准和超前意识、组织严密的“内阁”，在激烈的经济竞争中发挥了巨大的作用。可以说，李嘉诚财团之所以能够成为跨国财团，和他周围那些能干的中国人、外国人是分不开的。尤其是李嘉诚大胆启用的那些外国人，在帮助他冲出亚洲、走向世界方面既充当了“大使”，又充当了冲锋陷阵的“士卒”。正如一家评论杂志所称道的“李嘉诚这个‘内阁’，既结合了老、中、青的优点，又兼备了中西方色彩，是一个行之有效的合作模式。”

如今，李氏王国的业务包括房地产、通讯、能源、货柜码头、零售、财务投资及电力等，十分广泛。试想，如果李嘉诚先生不与他人合作，仅靠一个人的力量，纵使他有三头六臂，也不能创造如此宏大的事业。因此，李嘉诚的成功更确切地说应该是团结协作的成功。

我们的祖先早就认识到了合作的重大作用。古代思想家荀子曾说过一句名言：“每一个凡人，其实都可以成为伟大的禹。”凡人成为伟人的条件是什么呢？就是团结协作。汉高祖刘邦在平定天下以后，设宴款待群臣。席间，他对群臣说：“运筹帷幄，决胜千里之外，朕不如张良。治国、爱民和用兵，萧何都有万全的计策，朕也不及萧何。统帅百万大军，百战百胜，是韩信的专长，朕也甘拜下风。但是，朕懂得与这三位天下人杰合作，所以朕能得到天下。反观项羽，连唯一的贤臣范增都团结不了，这才是他失败的原因。”

一个人的能力总是有限的，只有善于与人合作的人，才能够弥补自己能力的不足，才能达到原本达不到的目的。

从前有一个驴夫，赶着一头驴和一匹骡子，这两只牲口身上都背着很重的东西。那驴子在平路上行走的时候，还不觉得怎样，到了山间陡峭的小路上时，就觉得非常吃力，便请求骡子能替它分担一小部分。但骡子理也不理。不久，驴子筋疲力尽，累死在路上。在这荒山僻野，驴夫没有别的办法，只好把驴子所背的东西都加在骡子身上。骡子叫苦连天，懊悔莫及，它说：“我该受罪，如果在驴子求我时我能稍微帮助它一下，我现在也不至于背着全部东西，压得喘不过气来。”

这个故事说明了互助合作精神的重要性。与人共事，切记“助人即自助”。自私是互助的最大敌人。

从前，有两个饥饿的人得到了一位长者的恩赐：一根渔竿和一篓鲜活硕大的鱼。其中，一个人要了一篓鱼，另一个人要了一根渔竿，于是他们分道扬镳了。得到鱼的人原地就用干柴搭起篝火煮起了鱼，他狼吞虎咽，还没有品出鲜鱼的肉香，转瞬间，连鱼带汤就被他吃了个精光。吃完鱼后，他又没有什么办法维持生活了，不久，他便饿死在空空的鱼篓旁。另一个人则提着渔竿继续忍饥挨饿，一步一步艰难地向海边走去，可当他看到不远处那片蔚蓝色的海洋时，他最后的一点力气也使完了，只能眼巴巴地带着无尽的遗憾撒手离开了人间。

又有两个饥饿的人，他们同样得到了长者恩赐的一根渔竿和一篓鱼。只是他们并没有各奔东西，而是商定共同去找寻大海，他俩每次只煮一条鱼。经过了遥远的跋涉，终于来到了海边。从此，两人开始了捕鱼为生的日子，几年后，他们盖起了房子，有了各自的家庭、子女，有了自己建造的渔船，过上了幸福安康的生活。

这是一个活生生的合作才能生存的例子。在现实里，或许你掌握了生产某个产品的关键技术，他掌握着这个产品的原材料，在这个时候，两个人想发展的最好方式就只有合作了。如果都想独自发展的话，结果可能就是都无法壮大起来。

与别人合作才能让你成功，千万不要小看与他人合作的力量。

很久以前，一位希腊国的国王有3个儿子。这3个小伙子个个都很有本领，难分上下。可是他们自恃本领高强，都不把别人放在眼里，认为只有自己最有才能。平时3个儿子常常明争暗斗，见面就互相讥讽，在背后也总爱说对方的坏话。

国王见到儿子们如此互不相容，很是担心，他明白敌人很容易利用这种不睦的局面来乘机击破，那样一来国家的安危就悬于一线了。国王一天天衰老，他明白自己在位的日子不会很久了。可是自己死后，儿子们怎么办呢？究竟用什么办法才能让他们懂得要团结起来呢？

一天，久病在床的国王预感到死神就要降临了。他也终于有了主意。他把儿子们召集到病榻跟前，吩咐他们说：“你们每个人都放一支箭在地上。”儿子们不知何故，但还是照办了。国王又对大儿子说：“你随便拾一支箭折断它。”大王子捡起身边的一支箭，稍一用力箭就断了。国王又说：“现在你把剩下的两支箭全都拾起来，把它们捆在一起，再试着折断。”大王子抓住箭捆，折腾得满头大汗，始终也没能将箭捆折断。

这时国王语重心长地说道：“你们都看得很明白了，一支箭，轻轻一折就断了，可是合在一起的时候，就怎么也折不断。你们兄弟也是如此，如果互相斗气，单独行动，很容易遭到失败，只有3个人联合起来，齐心协力，才会产生无比巨大的力量，战胜一切，保障国家的安全。这就是团结的力量啊！”

儿子们终于领悟了父亲的良苦用心，国王见儿子们真的懂了，欣慰地点了下头，闭上眼睛安然去世了。

折箭的道理告诉我们：合作就是力量。“人以群居，物以类聚”，如果将组织看作是一个完整的人体，团队便是构成人体的各类系统，如消化系统、循环系统等，个人则是组织或团队的最基本的细胞。否定个体，整体就不复存在；否定整体，个体便无意义。

习惯物语

舍弃与人合作，事业难以有大的发展。所以，我们一定要注意：做事切不可独断专行，万事全包。在日常生活和学习中，在自己与他人之间只要互相支持，分工协作，齐心协力，就会赢得最终的胜利。

能与同学友好交往

美国哈佛大学就业指导小组调查的结果证实：在数千名被解雇的男女中，人际关系不好的比不称职的高出2倍。在一些单位里，新进来的工程师、科学家们，学识、智商都很高，然而过一段时间以后，一些人成绩斐然，另一些人黯然失色。为什么会出现不同呢？答案是前一种人能主动与别人交往，能很快打开工作局面，而后一种人则不行。

在我们的生活中，许多事实都证明，良好的人际关系是成功的保证，一个人只有学会与他人友好相处，才能奔向成功。

现在的许多小朋友都是独生子女，在家里，爸爸妈妈、爷爷奶奶把你看成“小宝贝”，关心你，爱护你，什么都让着你，把你看成是全家的“中心”。你认为这是应该的，所以不懂得尊重别人，不会为别人着想，一向我行我素，结果养成了“以我为中心”的骄横的坏毛病。但是，有了这样的心理，在集体生活中就会感到不顺心、不舒服，以后走上工作岗位也会处处碰壁。

良好的同学关系，是热爱学校、热爱学习的保证。很多家长心里都有一个误区，认为孩子只要好好听课，就能把学习成绩搞上去，不用跟同学有太多来往，尤其不可以跟别的同学学坏。因为家长总认为孩子缺乏分辨是非的能力，所以在交友方面总是严格把关。渐渐地，孩子在学校里就会越来越孤独，快乐越来越少。

李亚楠在同学关系上遇到了非常大的挫折。他是个内向的孩子，父亲是研究员，母亲是家庭妇女，他们都是不善于人际交往的人，也就没有教会他怎样和同学打交道。每个孩子都希望被别人接受、得到别人的认可，李亚楠也不例外。他虽然嘴里不说，心里却特别在乎同学的看法。然而，谁都不愿意和他玩，做实验的时候，谁都不愿意和他一组。

有一次做操，左边的同学说了一句“你的腰怎么弯不下去呀”，他听了就使劲弯腰，这时，右边的同学又说了一句“瞧他，腰弯得都要断了”，李亚楠听了，就真的迷惑了，他实在是不知道该听谁的。还有一次，他想和同学一起玩，可是嘴里却不知道怎么说，就默默地跟在几个同学的后面。有一个同学回过头来说“你怎么像个跟屁虫呀”！这一句话，就像钉子一样，狠狠扎在了他的心里，让他愣在原地，半天回不过神来。

渐渐地，他的性格越来越孤僻，别人每说一句不好听的话，他就想是不是在说自己。此后他也没有心思学习了，整天想的就是“我到底怎么了”，“怎么才能让别人喜欢我”？成绩自然也越来越差。他开始迷上了课外书，不管能不能理解，只要是书他就愿意看。他说：“这些书至少不会看不起我。‘他们’拿我当朋友，‘他们’愿意跟我说心里话。”一个 14 岁的孩子，书包里天天背着的竟然是比砖头还厚的《庄子令注今译》。那时，给他触动最深的一句话，竟然是西方哲人的一句名言——“人对人像狼一样”。

正是同学关系的挫折，让他心里对别人的尊重和关心慢慢消失。他想，没有人对我好，我为什么要对别人好？这导致的直接结果是他开始偷别人的东西，从去书店偷书渐渐发展到了溜门撬锁，并且心里竟然没有一丝一毫的愧疚。高三毕业，他在参加完高考后的第四天就被抓了起来，被判处有期徒刑5年半，在监狱中他接到了大学的录取通知。

只有好成绩是不够的，德才兼备，德在前，才在后。没有德，在社会上是行不通的。

新新是班长，她不光学习好，跟同学的关系更是好得没得说。在开学第一天新同学做自我介绍的时候，她就对大家说：“班级就是我们的家，同学就是兄弟姐妹，学习上大家要互相帮助。”她也是这么做的，用真心去面对每个同学。

作为班长总有一些班务要她来管，这个活又得罪人又耽误时间，别的人不是干不了，就是不愿意干，担子最后就落在了她肩上。拿每天的卫生来说，经常有同学不注意，废纸随手就丢。她看到了，就随手捡起来，把这看成是非常自然的事。她觉得没必要批评别人，也不用去叫值日生，自己能做的为什么不肯弯一下腰呢？渐渐地，别的同学在她的影响下，也养成了随手保持班级卫生的习惯。大家合作，班里无论什么事都变得容易多了。

在学习上，每当有同学考得好了，她都会送上一句祝贺的话。她总是发自内心为别人的成绩高兴，遇到困难，别人也当然愿意帮她。别的班同学之间竞争很激烈，甚至好朋友都互相提防，而她们班大家却拧成了一股绳儿，谁都愿意把自己的经验和别人分享。在团结欢快的气氛中，他们全班的成绩都上去了。

习惯物语

从现在起就树立这样一种意识：我是大海中的一滴小水珠，有我和我的伙伴，才能形成汹涌澎湃的大海，造福人类；我是高山上的一棵小草，有我和我的伙伴，才能形成翠绿的山川；我是集体中的一员，有我和我的伙伴，才能形成和谐、温暖的集体。

尊重他人

一位哲学家曾经说过：“我们要善于尊重他人，因为尊重他人就是尊重你自己。”如果你对这话反感，那你也许会为你这种想法付出代价，这就等于伤害了你自己。

其实每个人都有自己的尊严，是不容破坏的。如果你善于尊重别人的感觉和尊严，那么你一定受益匪浅。想必你也有过被他人尊重的感觉，那种滋味很难忘，至少你知道还有人会尊重你，关心你。那时候的尊严在畅想，我并不低贱，我也是有人格的。

在现时社会中，尊严的重要性与日俱增。一个人没有了尊严就等于没有了一切，没有了做人的意义。因此我们不单只顾及自己的感受，还要尊重他人，这一点是很重要的。也许你救助了他人，受益的终究是自己。

尊重人，是一切礼仪规则的核心。你如果希望别人尊重你，首先要学会尊重人。这是“待人接物”的一条重要原则。

学会尊重人，可以从以下三点做起：

一、听他人说。做一个好听众，认真倾听别人说话，鼓励别人说他们的事，让对方觉得他很重要。这样的人，朋友会很多。只会说不会听，或者随便打断别人的话都是不礼貌的。

二、替他人想。平时我们与替他人着想的人接触时，总是会感到这人很好相处，为人善良，这样的人人际关系总是比较好的，做事也比较容易成功。平时待人接物，我们也应该遵守这条原则，多替别人想一想。

三、帮他人做。1979 年联合国通过的章程中有这样一句话：“培养具有温暖心灵的人。”人与人之间要相互帮助，如果能经常说：“你有困难吗？我来帮助你！”并且尽力帮他人做，你的心中就会充满爱心，会觉得活得很充实。你的朋友就会很多，你有困难时，别人也会愿意来帮助你。

很多时候，我们不同意别人的观点，可又苦于没有一种很轻松的氛围能让我们把满脑子的想法自由地表达出来。担心一旦自己的想法自由地表达出来，别人会怎么看，自己会不会遭到嘲笑、贬低和忽略。

克拉克先生的办法是，在讨论问题的时候，要对其他同学的评论、观点和想法表示尊重，要尽可能地这样说："我同意约翰的观点，同时我也感到……"，"我不同意沙拉的看法，尽管她抓住了问题的核心，但我觉得……"或者"我认为维可多的观察真是太精彩了，它让我意识到……"

简单地说就是：尊重别人，注意讲话技巧，要懂得尊重人。而"尊重人"，则是个大原则、大观念了。

尊重他人是人所应当具有的一种最起码的修养，如果一个人连尊重他人都做不到的话，想必在学习中、在生活中也会处处碰壁。

两个有钱人住在多是穷人居住的地方，假如其中一个人每天早上看见邻居后，亲切地打着招呼，问候一句"早安"，那些人则很乐意和他做朋友，因为他们中间没有贫贱之分；而另外一个人看到他们后用眼光鄙视他们，只因为他们没他有钱，那么他们之间的相处可想而知。当他们遇到困难时，前者会受到大家热情的帮忙，而后者，受到的只可能是冷嘲热讽。造成这样的后果是什么？是因为他没有尊重他人，人都是有尊严的，我们要善于学会尊重他人。

林肯住在印第安纳州鸽湾谷的时候，年纪轻轻，喜欢评论是非，还常常写信和诗讽刺别人。他常把写好的信扔在乡间路上，使被讽刺的对象能拾到。

林肯在伊利诺伊州春田镇当见习律师时，仍改不了这一毛病。1842 年秋，他又在报上写了一封匿名信讽刺当时的一位自视甚高的政客詹姆士·席尔斯，被全镇引为笑料。席尔斯愤怒不已，终于查出写信者是林肯，他即刻骑马找到林肯，下战书要求决斗。林肯并不喜欢决斗，但迫于情势，只好接受挑战。他选择骑兵的腰刀作为武器，并向一位西点军校毕业生学习剑术，准备到决斗那一天决一死战，幸亏在最后一分钟被人阻止了，否则很难想象"两虎相争，必有一伤"的局面会怎么样。

这是林肯人生中最深刻的一个教训，从此他学会了与人相处的艺术。他再也不写信骂人、任意嘲弄人或为某事指责人了。此刻的他深刻地明白了一个自尊心受到伤害的人会有怎样可怕的举动。

南北战争的时候，林肯新任命的将军在战争中一次又一次地惨败，使林肯很失望。全国有半数以上的人，都在臭骂那些无用的将军们，但林肯却没吭一声。他喜欢引用一句话："不要评议别人，别人才不会评议你"。

当林肯太太和其他人对南方人士有所非议的时候，林肯总是回答说："不要批评他们，如果我处在同样情况下，也会跟他们一样的。"

任何时候都要顾及别人的自尊心，这就是林肯善于与人相处的秘诀，也是他的成大事之道。

有一个孩子上小学的时候，很贪玩，不爱写作业，特别是数学，那些加、减、乘、除对他来说是一种莫大的障碍。这就难免会出问题，有一次数学测验他得了49分——全班就他一个人挂"红灯"，数学老师把他叫到办公室，怒气冲冲地当着办公室许多老师的面就把他狠狠批评一顿："你数学到底怎么学的？怎么这么笨？这么简单的题都做不及格，你还有指望吗……"他那时还小，对老师说的许多词语并不十分明白，但他的小小的自尊心是明显地受到伤害了，而且印象很深，直到成年后还能回想起那个令人伤痛的场景，当着许多老师的面，被无情地数落……

后来他就真的"没有了指望"，数学课经常无故缺课，他对那门课产生了厌倦，对教课的老师产生了反感，他讨厌这个老师。幸亏父母发现及时，给他补了许多课，才使他期末考试"幸免于难"。过了一年后换了个数学老师，老师尽管在上课时极其严肃，对作业要求也很严格，但他从来不发脾气。知道这个孩子基础差，老师总是采用循循善诱的方式，捕捉住这个孩子的每一点小小的进步对他鼓励，这使他信心大增，他对数学逐渐产生兴趣，直到现在，他一直对那位有着一颗仁慈之心的老师心存感激。

故事说明着一个简单但又常常为人所忽视的道理：没有人愿意被别人伤及自尊，人们总是希望得到肯定和赞美。许多人看着不顺眼就想指责别人，别人一有失误就抓住"把柄"加以"发挥"，似乎这样才能使自己心情舒畅，但谁又能去考虑那些自尊心被深深伤害了的人的感受呢？人们总喜欢玫瑰的花而不喜欢玫瑰的刺。批评像根刺，稍不小心就会把别人的自尊心刺伤，批评也往往收不到预期的效果，相反会引发对方的不满情绪和反抗心理。更危险的是，批评还会伤害一个人宝贵的自尊。试着体会别人的心情，采用和气开导的方式，会更容易让人接受。

习惯物语

你拥有快乐的权利，别轻易让你的权利睡着了，但也请注意：这个世界除了你之外，还有别人。不会爱惜自己的人，不会成为一个快乐的人，不会尊重他人的人，就不会得到别人的尊重。

现在大多数是独生子女家庭，孩子经常形成以自我为中心的交往习惯，为自己考虑的比较多，不会替别人着想，不理解别人的心理和行为，长此以往必定会影响性格，进而影响到生活中的方方面面。

不忽略小节

俗话说“成大事者不拘小节”，事实果真如此吗？其实，坏习惯不论大小，都应坚决摒弃，以免小节不拘伤大节。

在社交活动中，人们常常忽视一些小的坏习惯，以为无可厚非。其实这种看法是错误的，很多时候，一些被你忽视的小习惯可能损坏你的美好形象，让人对你退避三舍。因此，你如果有下列这些不好的习惯，一定要戒除。

当同桌的几个人围坐在餐桌旁准备就餐时，你自己一个人手拿筷子敲打碗盏或者茶杯；主人尚未示意开始，自己一个人就已经狼吞虎咽；不等喜欢的菜肴转到自己跟前，就伸长胳膊跨过很远的距离甚至屁股离座挑食菜肴；喝汤时“咕噜咕噜”、吃菜时“叽叽叽叽”作响；用餐尚未结束，自己的饱嗝已经连连打出，等等，这些习惯都可看出一个人不拘小节。

在日常生活中还要注意以下小节：

一、不要当众搔痒。大家都知道搔痒的举止不雅。

二、防止发自体内的各种声响。生活经验告诉我们，任何人，对发自别人体内的声响都不太欢迎，甚至很讨厌。诸如咳嗽、喷嚏、哈欠、打嗝、响腹等。

三、不要当众打哈欠。当你和朋友在一起谈话的时候，尤其是当你的朋友在滔滔不绝地发表意见时，那时你也许感到疲倦了，你能按捺住性子让自己不打哈欠吗？

打哈欠在社交场合中给人的印象是，表现出你不耐烦了，而不是你疲倦，在与别人交谈时打哈欠会引起他人的不快，所以一定要控制住自己。

四、不要当众剔牙。

五、不要当众掏耳和挖鼻。有些手痒的人，只要他看见什么可以用，就会随手取一支来掏耳朵，尤其是在餐厅，大家正在饮茶、吃东西的当儿，掏耳朵的小动作往往令旁观者感到恶心，这个小动作实在不雅，而且失礼。同样，用手指挖鼻孔也是非常失礼的动作。

六、当众双腿抖动。这种小动作多发生在坐着的时候，站立时较为少见。这种小动作，虽然无伤大雅，但由于双腿颤动不停，令对方视线觉得不舒服，而且也给人有情绪不安定的感觉，这也是失礼的表现。同样，让跷起的腿儿钟摆似的打秋千也是相当难看的姿态。

总之，要做到勿以恶小而为之。

在日常的社会生活中，行为举止的习惯并不仅仅如上面所说的各种规范的约束，表现出明显的被动性特点。同时，它的其中一部分内容也已经被用作表示礼貌、增进感情、扩大交流的非常有效的手段，某些举止已经被赋予了特定的意义。正确掌握和使用这些举止或动作也可以显示出一个人的教养水平。

点头，这是与别人打招呼时使用的礼貌举止。通常多用于迎送的场合，尤其是在迎送者有许多人时，用点头就可以向许多人同时致意，表示对见面的喜悦或对离别的惆怅。在其他场合有时也用到点头。

举手，这也是与别人打招呼的礼貌举止。通常用于和对方远距离相遇或仓促擦身而过的时候。它的用意在于表示自己认出了对方，但因条件限制而无法站停施礼或对话交谈。用这种随机的礼貌举止可以消除对方的误会，并让对方感到亲切。

起立，这是位卑者向位尊者表示敬意的礼貌举止。现常用于集会时对报告人到场或重要来宾莅临时的致敬。

鼓掌，这是表示赞许或向别人祝贺的礼貌举止。通常用于在聆听别人的长篇讲话和讲演，看完、听完别人的表演、演奏或献艺之后，用以表示自己的赞赏、钦佩或祝愿。鼓掌通常给以掌声，但也可以不出声而仅仅做出鼓掌的样子，不过应当让对方直接看到。

表示礼貌的举止习惯当然不止这一些，这里提及的是其中比较常见的若干种。从根本上说，这些礼仪举止没有哪一种是我们任何一个人所不能做到的，只要在日常生活中多注意一些，这些举止中所包含的各种思想感情已经明明白白地传送了出去，不仅说明了你是一个有礼貌的人，更可以使你在人际交往中如鱼得水，顺畅自如。

从一件小事，能看出一个人的品行。

有 3 个人去一家公司应聘采购主管。他们当中一名是某知名管理学院毕业的，一名是毕业于某商院，而第三名则是一家民办高校的毕业生。在很多人看来，这场应聘的结果都是很容易判断的，然而事情却恰巧相反。应聘者经过一番测试后，留下的却是那个民办高校的毕业生。

在整个应聘过程中，他们经过一番测试后，在专业知识与经验上各有千秋，难分伯仲，随后招聘公司总经理亲自面试，他提出了这样一个问题。题目为：假定公司派你到某工厂采购 4999 个信封，你需要从公司带去多少钱？

几分钟后，应试者都交了答卷。第一名应聘者的答案是 430 元。总经理问："你是怎么计算呢？"

"就当采购 5000 个信封计算，可能是要 400 元，其他杂费就 30 元吧！"答者对答如流。但总经理却未置可否。

第二名应聘者的答案是 415 元。

对此他解释道："假设 5000 个信封，大概需要 400 元左右，另外可能需用 15 元。"

总经理对此答案同样也没表态度。但当他拿第三个人的答卷，见上面写的答案是 419.42 元时，不觉有些惊异，立即问："你能解释一下你的答案吗？"

"当然可以，"该应聘者自信地回答道，"信封每个 8 分钱，4999 个是 399.92 元。从公司到某工厂，乘汽车来回票价 10 元。午餐费 5 元。从工厂到汽车站有一里半路，请一辆三轮车搬信封，需用3.5元。因此，最后总费用为419.42元。”

总经理不觉露出了会心一笑，收起他们的试卷，说：“好吧，今天到此为止，明天你们等通知。”

结果可想而知了。

习惯物语

做事不拘小节，固然是一种处事态度，但这往往也是一种很危险的做法，不拘小节误大事的事例不胜枚举。因此，事无巨细，小中才能见大。做事认真仔细，才能把事做得尽善尽美。

记住别人名字

记住别人的名字、给人以微笑、乐于助人等，都能很好地促进人际关系的发展。只要养成良好的交往习惯，就能增加自己的人缘，建立良好的人际关系。

国外一则格言说，人对自己的名字比对地球上所有名字的总和还要感兴趣。那些有所成就的人，往往能够记得很多人的名字，不管是地位高的人还是地位低的人。人们除了对自己的名字格外尊重之外，还有一种倾向，就是渴望名垂后世、万古流芳。

人一生下来，父母就会费尽心思地设法取个好名字。你观察一下，每个人都十分看重别人对自己名字的认识。当一个陌生人能叫出你的名字时，你就会马上产生似曾相识的感觉。

名字是一个人的记号，代表着一个人的一切，荣与辱，成与败，高贵与卑贱。你的名字也是你不同于他人的一个重要特征。俗语说：“人过留名，雁过留声。”可见，名字会使人的声誉传得很久、很远。对于一个人来说，名字是所有语言中最突出、最动听的声音，清清楚楚地把它叫出来，就是对他人的赞美，就会获得他人的好感。

记住人们的名字，而且很轻易就能叫出来，等于给予别人一个很巧妙而又有效的赞美。

倘若你想学会使别人喜欢你的方法，请付出一点学费、一点牺牲、一点时间去记住别人的名字。记住每一个人的名字，是尊重一个人的开始，也是创造个人魅力的第一步。

社会是复杂的，和人打交道是一件很奇妙的事情。有很多方法可以让我们在和别人交往时游刃有余，得心应手。记住别人的名字并在适当的时候叫出他，也是需要我们把握的一项和人交往的技巧。这是人际交往中的最基本的礼貌，我们会因记得对方的名字而获得人的好感，而且有时还会得到意想不到的收获。

记住人们的名字，而且很轻易就能叫出来，等于给予别人一个很巧妙而又有效的赞美。但如果把别人的名字忘掉或者写错，你会处于一种非常不利的地位。

拿破仑的侄子、法国国王拿破仑三世，曾称他能记下他所见过的每一个人的名字。

平日政务繁忙的他能做到这一点，其中的窍门究竟在哪里呢？说穿了很简单。他如果在见面时没有听清楚对方的名字，会立即说：“抱歉。我没有听清楚你叫什么名字，你能重复一遍吗？”如果碰到一个不常见的名字，他会问怎么写。在谈话的时候，他会把那个字重复说几次，试着在心里把它跟那个人的特征、表情和一般容貌记下来。就这样，他对那个名字就不仅有一个耳朵的印象，而且还有眼睛的印象。

做什么都要付出代价，记住那些人的名字需要花费些时间和精力，因为我们遇见的人很多，辨别他们需要一定的时间。但这样的代价是值得付出的，正如爱默生所说的：“礼貌是由一些小小的牺牲组成的。”

因此，如果你要获得别人的好感，不惹不必要的麻烦，千万别忘了：人最重视、最爱听、同时也是最希望他人尊重的就是他们自己的名字。记住别人的名字，并在适当的时候叫出来，也许你会得到意想不到的收获。

有一次，一个名叫乔治的人在巴黎开了一门公开演讲的课程，为了扩大这门课的知名度，他给所有居住在当地的美国人发出复印的邀请函。但由于那些法国打字员不太熟悉英文，所以在打名字的时候不断出错，因此有很多人的名字都被拼错了。结果，巴黎一家美国大银行的经理写了一封毫不客气的回信给乔治，因为他的名字被拼错了。

准确地记住别人的名字并叫出它或者很好利用别人的名字，很可能对你的人生产生很大的影响。

安德鲁·卡耐基被称为钢铁大王，他成功的原因究竟在哪里呢？实际上他对钢铁的了解并不比一般人多。他成功的原因，是由于他知道怎样为人处世。小时候，他就表现出组织的才华和领导的天才。等到10岁的时候，他发现了人们把自己的姓名看得惊人的重要。而他利用这个发现赢得了别人的合作。当他还是个苏格兰小孩的时候，他抓到了一只母兔子。后来他发现了一整群小兔子，但却没有东西喂它们。他想出了一个很妙的法子——他对邻居的孩子们说，如果他们能找到足够的苜蓿和蒲公英喂饱那些兔子的话，就可以用他们的名字命名那些兔子。这个法子太灵验了，所有的兔子都活了下来。卡耐基对此一直不能忘怀。好几年之后，他用同样的方法赚了好几百万美元。比如，有一次他想把铁轨卖给宾夕法尼亚铁路公司，而该公司当时的董事长是艾格·汤姆森。因此，卡耐基在匹兹堡建立了一座巨大的钢铁厂，取名为艾格·汤姆森钢铁厂。当汤姆森听到这一消息时，他觉得自己很受重视，得到了尊重，便很高兴地和卡耐基签了合同。

谁都希望自己能够被人记住，谁都希望自己的名字受人重视。留心记住那些看来对你有用的人的名字，这不仅仅是礼貌的问题，而是你不知道在什么时候你就需要他的帮助。

习惯物语

每个人的名字都是唯一的，听到自己的名字，谁都会精神为之一振，当然会留心对方在说什么啦！记住别人的名字，就意味着在乎别人，尊重别人。它让你在人际交往中一开始就占有优势。

不讥笑讽刺

有一个一家三口灭门的血案，在警方锲而不舍的查缉后，已宣告侦破。凶嫌被捕后，坦承说出萌生杀机的原因，并在行凶后担心事情败露，而再杀其妻女灭口。

凶嫌表示：两个月前，“死者”用话刺激他、耻笑他，并用手指指他胸前，笑他“没什么用”，开堆高机那么久了，仍然是“给人请（聘雇）”，不像他自己开堆高机没多久就当了老板。对这样的“讥讽”，凶嫌怀恨在心，后来“死者”只要与他碰面，就不断嘲笑他，以致使他萌生杀人泄恨之心。

据警方表示，凶犯心智健全，但因受到对方不断的讥讽和嘲笑而杀人，这成为历年来灭门血案的特殊案例，颇值得社会大众警惕。

不要以为小节无伤大雅，相反要注意从小处入手，树立自己的形象，全方位地完善自我，最终使自己登上大雅之堂。

古人早有明训：“言语伤人，胜于刀枪。”许多人常以“嘲弄”他人为乐子，也有部分综艺节目的主持人，戏称未能在比赛中过关的来宾“笨”，或嘲笑比赛者的长相“丑”。有些虽然是属玩笑性质，但总让人觉得不妥，毕竟“尖酸刻薄”、“有失厚道”的言语批评，会使听者产生不悦。严重的，正如灭门血案的被害人一般，遭到杀身之祸，后悔莫及。因此，古人说：“丧家亡身，言语占八分。”似有其道理，真是叫人不得不谨慎。

其实，言辞起冲突而萌生杀机的情况处处都会发生。法国巴黎有一名“美食专栏作家”，经常在文章中特别赞誉某家餐厅，或严词批评某些餐厅的菜肴。有一次，此专栏作家在专栏中对一餐厅的菜色作“像猪食”的评语，以致激怒了餐厅老板。该老板事后特别再请此美食专栏作家去试吃“精致美味的佳肴”，不料美食专家吃完后脸色大变，晕倒在地，送到医院时气绝死去。餐厅老板被警方逮捕收押后，坦承“设毒宴”下毒，他说：“批评我们的美食像猪食的人都该死！”

这真是叫人瞠目结舌，“专栏作家”们下笔时可得小心点，就像你说话一样，若言词过于尖酸刻薄，批评太过分，可能也会“惹祸上身”。

每个人都喜欢受到别人的赞美，没有人喜欢别人来指责自己。即使是相濡以沫的朋友，即使是一句简单的赞美之词，也可以使人振奋和鼓舞，使人得到自信和不断进取的力量。

在茂密的山林里，一位樵夫救了一只小熊。母熊对樵夫感激不尽。有一天樵夫迷路借宿到熊窝，母熊安排他住宿，还以丰盛的晚餐款待了他。翌日清晨，樵夫对母熊说：“你招待得很好，但我唯一不喜欢的地方就是你身上的那股臭味。”母熊心里怏怏不乐，但嘴上说：“作为补偿，你用斧头砍我的头吧。”樵夫按要求做了。若干年后樵夫遇到了母熊，问她头上的伤口好了没有。母熊说：“噢，那次痛了一阵子。伤口愈合后我就忘了。不过那次你说过的话，我一辈子也忘不了。”

真正伤害心灵的不是刀子，而是比刀子更厉害的东西——言语。我们在生活中有时与人说话会给对方造成伤害，这是我们必须谨慎的，这样的“刀子”太伤人。

人，作为一种高级动物，与其他生灵的区别就在于人是有感情的，而人与人之间的感情交流，又往往是通过语言来沟通的。所以说，与人交往的第一要务就是学会说话。一个会说话的人，肯定是社交圈里的高手，肯定会有一个好人缘：而一个不会说话的人，肯定是一个与成功无缘的人，即使有所成功也是有限的，因为说别人不爱听的话，无异于给自己的成功设置了障碍。

习惯物语

“恶语伤人六月寒”。生活在人世间，一个人的品质是通过他的一言一行来体现的。

不忌妒

你知道什么是螃蟹心理吗？你知道渔民们怎样抓螃蟹吗？把盒子的一面打开，开口冲着螃蟹，让它们爬进来，当盒子装满螃蟹后，将开口关上。盒子有底，但是没有盖子。本来螃蟹可以很容易地从盒子里爬出来跑掉，但是由于螃蟹有嫉妒心理，结果一只都不能跑掉。原来当一只螃蟹开始往上爬的时候，另一只螃蟹就把它挤了下来，最终谁也没有爬出去。

大家不用想也知道它们的结局：它们都成了餐桌上的美味佳肴。

嫉妒使我们的思想禁闭起来，没有一个开放的头脑，就不可能产生良好结果——除了怨恨，我们变得一无所有。

人一旦嫉妒起来就好像那些螃蟹一样。嫉妒的人以消极的人生观为基础，他们信奉“你好我就不好”的信条，所以这种心理常常给人际关系带来破坏性的影响。

嫉妒的起因是我们发现别人比我们做得更好，别人比我们拥有的更多。嫉妒有推动力，但是它不能给我们正确的导航。它给我们指明一条道路，但是却让我们去妨碍和伤害别人。用拖别人后腿的方式来赢得胜利或者至少保持不输是非常愚蠢的做法。

嫉妒使我们放弃对自身利益的关注，别人的优势恰好映照出我们的不足，想要完成一个健康完善的自我的塑造，必须要懂得为自己加油。去拖别人的后腿只会使别人和我们一样差劲，而不会使我们获得进步。

嫉妒是发生在自己最熟悉的圈子里的，我们普通老百姓不会去嫉妒国家首脑所拥有的特权、亿万富翁取得的财富，但我们却不能容忍周围的人超越我们半步，故而这种心理会对我们造成切实的伤害。你只要发现别人进步比你快，运气比你好，你心中便酸溜溜地不舒服，说话也不自觉地尖刻起来，甚至还会做出一些小动作来，这样的行为方式谁还会同你在一起互帮互助？到头来只能伤害到自己。

每个人多少难免都会有些嫉妒心在作祟，因此，每当看到别人发生不幸的时候，有时候幸灾乐祸的感觉就会油然而生。这种情况，最常发生在那些与我们有利害关系的人身上，如此一来，我们就会觉得似乎又少了一个竞争的对手了。

但是，我们却忽略了他人在成功之前，所付出的汗水与努力。因此，每个人都应该扪心自问：自己是怎么规划人生的？目前自己的工作充满了挑战与成就吗？自己在工作中能否获得学习与成长的机会？与别人相比，自己是否有一些较他人突出的特质？然后，将自己未来真正想做的事情，或是想追求的目标记录下来。例如，希望身旁拥有什么样品质的益友？希望从工作中还能多学习到什么知识或技能？未来希望过什么样的生活？请将所有的梦想个体化、目标明确化吧。

当一个人成功的时候，其实往往代表了全人类的成功，爱迪生成功地发明了电灯，莱特兄弟试飞成功，爱因斯坦发现相对论等，这些成功的事迹最后都带来了全人类的便利与福音，因此请为他人的成功感到骄傲吧！

人生是很奇妙的，请以他人的成功自诩，因为也许有一天，我们可能就是个改变人类命运的人！

告诉自己这样一个信条：解决的方法只有一个，就是我要努力进步，过得比你还要好。

我们遇到怀疑的事，不宜过早下结论，要客观、理智地去分析，才能够了解真相。尤其在生气的时候，要冷静地思考分析，不要被嫉妒心冲昏了头脑而伤了和气。

佛经上有一则故事：在古远时代，摩伽陀国有一位国王饲养了一群象。象群中，有一头象长得很特殊，全身白皙，毛柔细光滑。后来，国王将这头象交给一位驯象师照顾。这位驯象师不只照顾它的生活起居，也很用心教它。这头白象十分聪明、善解人意，过了一段时间之后，他们已建立了良好的默契。

有一年，这个国家举行一个大庆典。国王打算骑白象去观礼，于是驯象师将白象清洗、装扮了一番，在它的背上披上一条白毯子后，才交给国王。

国王就在一些官员的陪同下，骑着白象进城看庆典。由于这头白象实在太漂亮了，民众都围拢过来，一边赞叹、一边高喊着："象王！象王！"这时，骑在象背上的国王觉得所有的光彩都被这头白象抢走了，心里十分生气、嫉妒。他很快地绕了一圈后，就不悦地返回王宫。

一入王宫，他问驯象师："这头白象，有没有什么特殊的技艺？"驯象师问国王："不知道国王您指的是哪方面？"国王说："它能不能在悬崖边展现它的技艺呢？"驯象师说："应该可以。"国王就说："好。那明天就让它在波罗奈国和摩伽陀国相邻的悬崖上表演。"

隔天，驯象师依约把白象带到那处悬崖。国王就说："这头白象能以三只脚站立在悬崖边吗？"驯象师说："这简单。"他骑上象背，对白象说："来，用三只脚站立。"果然，白象立刻就缩起一只脚。

国王又说："它能两脚悬空，只用两脚站立吗？""可以。"驯象师就叫白象缩起两脚，白象很听话地照做。国王接着又说："它能不能三脚悬空，只用一脚站立吗？"

驯象师一听，明白国王存心要置白象于死地，就对白象说："你这次要小心一点，缩起三只脚，用一只脚站立。"白象也很谨慎地照做。围观的民众看了，热烈地为白象鼓掌、喝彩！国王愈看，心里愈不平衡，就对驯象师说："它能把那只脚也缩起，全身悬空吗？"

这时，驯象师悄悄地对白象说："国王存心要你的命，我们在这里会很危险。你就腾空飞到对面的悬崖吧？"不可思议的是这头白象竟然真的把后脚悬空飞起来，载着驯象师飞越悬崖，进入波罗奈国。

波罗奈国的人民看到白象飞来，全城都欢呼了起来。国王很高兴地问驯象师："你从哪儿来？为何会骑着白象来到我的国家？"

驯象师便将经过一一告诉国王。国王听完之后，叹道："人为何要与一头象计较，嫉妒它呢？"

如果别人的嫉妒能把你打倒，这说明你虽然可能是优秀的，却不是最优秀的，在意志上更算不上优秀。

嫉妒是对别人的行为感到不满的一种思维方式。它产生于自信的缺乏，因为它是由别人引导的活动。嫉妒会导致任何情绪上的低落，但真正自信自爱的人，并不会嫉妒，更不会允许嫉妒让自己心烦意乱。

迈克尔·乔丹是驰名世界的篮球明星，他在篮球场上的高超技艺举世公认，而他待人处世方面的品格更为人称道。皮蓬是公牛队最有希望超越乔丹的新秀，但乔丹没有把队友当作自己最危险的对手而嫉妒，反而处处加以赞扬、鼓励。

为了使芝加哥公牛队连续夺取冠军。乔丹意识到必须推倒“乔丹偶像”以证明“公牛队”不等于“乔丹队”，1 个人绝对胜不了 5 个人。一次，乔丹问皮蓬：“咱俩 3 分球谁投得好?”“你!”“不，是你!”乔丹十分肯定。乔丹投 3 分球的成功率是 28.6%，而皮蓬是 26.4%，但乔丹对别人解释说：“皮蓬投 3 分球动作规范自然，在这方面他很有天赋，以后还会更好，而我投 3 分球还有许多弱点!”乔丹还告诉皮蓬，自己扣篮时多用右手，或习惯用左手帮一下，而皮蓬双手都行，用左手更好一些，这一细节连皮蓬自己都没有注意到。乔丹把比他小 3 岁的皮蓬视为亲兄弟，“每回看他打得好，我就特别高兴，反之则很难受。”乔丹的话语中流露着他们之间的情谊。

正是乔丹这种心底无私的慷慨，树立起了全体队员的信心并增强了凝聚力，取得了一场又一场胜利。1991 年 6 月，美国职业篮球联赛的决战中，皮蓬独得 33 分，超越乔丹 3 分，成为公牛队这个时期的 17 场比赛得分首次超过乔丹的球员，这是皮蓬的胜利，也是乔丹的胜利，更是公牛队的胜利。

嫉妒往往是个人才能与意志缺乏的体现，伏尔泰说：“凡缺乏才能和意志的人，最易产生嫉妒。”因为自己技不如人，就只能用嫉妒的心理去排解心中的不平。一旦任嫉妒心理自由发展，你就会疏远那些各方面比自己强的人，到头来不仅孤立了自己，而且也会阻碍自己的前进。

习惯物语

拜伦说过：“爱我的我报以叹息，恨我的我置之一笑。”人生在世，一定要有一颗平静和睦的心，切不可心怀嫉妒。俗话说：己欲立而立人，己欲达而达人。别人有所成就，我们不要心存嫉妒，应该要平静地看待别人所取得的成功，这才是与人交往的秘诀。

经常微笑

有句谚语说得好："微笑是两个人之间最短的距离。人际交往中离不开笑，一个没有笑的世界简直就是一个人间地狱。"

我们无法完全改变自己的容貌，但是我们可以选择用微笑来装点自己，因为微笑就是一种最容易为人所接受的礼物。

其实，微笑最简单不过了，动一动脸部的肌肉就行了，但却有着不可估量的价值，明白了这一点，你就不会对为什么国外某些大百货商店宁可雇佣一个小学未毕业但有一个可爱微笑的女职员，而不雇佣一个面孔冷漠的哲学博士等这类事件而惊讶不已。

每个人对自己的容貌都有个大致的印象，因此要设计一个符合自身气质和特点的形象，才能够吸引他人的注意力。那么，一个人脸上到底是什么使得您讨厌或喜欢他呢？人们对这个问题回答不一，但90%的人会告诉您，他们首先是被一个人的微笑吸引住的。然而，我们还是不要忘记，世上有各式各样的微笑。有虚情假意"交际"式的微笑，就像水龙头一样能够随意开关；有常常为掩盖不愉快或不自在的心情而勉强摆出的微笑；也有真诚、热情、感激的微笑，这种微笑会得到周围人的欢迎和信任。当然，也只有这种真诚的微笑才永远对我们有益。这种微笑意味深长，要培养这种正确的微笑并不十分困难。如果你能养成一种习惯，常常畅想生活中美好的东西并且只记住美好的经历，那么这些想法就会自然而然地反映在你的脸上。

微笑能给人以温暖，令人愉悦和舒畅。如夸赞某家商场服务态度好，能热情为顾客服务，这时，在人们的脑海里，定会映出服务员真挚、热情的笑脸，这美好的形象会让顾客难以忘怀。于是，便带来了许许多多顾客的再次光临。

其次，微笑能打破僵局，解除人的心理戒备。人际交往的障碍之一就是戒备心理，尤其在一些重要的交际场合，人们的心理防线就筑得更加牢固，生怕由于出言不慎带来麻烦，有的人甚至是一言不发，有的人尽量少说话，这样，沟通就出现了障碍，很多交际场合出现了僵局。在这种情况下，微笑可以作为主动交往的敲门砖，拆去对方的心理防线，使之对自己产生信任和好感，随之进入交往状态。另外，上级在做下级思想工作时，多数下级都抱着一种戒备心理，防备上级，甚至产生一种抵触情绪。这时，上级就不能板着脸训斥下级，而是要面带微笑，鼓励下级把心里话说出来，这样才能彼此沟通，达到思想教育的目的。发自内心的真诚的微笑是一个人人格、品德的最好证明，常常能在瞬间起到消除戒备和成见的作用。

再次，微笑可以表示对他人的尊重和友好。每个人在交往中都希望得到尊重，能被对方友好地对待，而这种友善的态度，除了通过交往双方的话语表达出来之外，那就是挂在双方脸上真诚的微笑了。不管是初次相见的人，还是彼此熟悉的人，都想从对方脸上看到这种表情。

微笑表示我喜欢你，很高兴见到你，使我快乐的是你。微笑不需要花费什么，但却能得到意外的收获，使那些接受微笑的人获得心理满足。微笑能创造出家庭和睦，增加人与人之间的感情。一个会心的微笑，不管何时何地都可以令对方产生亲切感，让对方主动放弃心理防线，创造良好的交往开端，建立良好的人际关系。

林肯总统的顾问向林肯推荐了一位内阁候选人，林肯总统见过这个人以后拒绝了。问及理由时，林肯答道："我不喜欢此人的脸。""但这可怜的人对自己的长相是不能负责的啊！"顾问坚持道。林肯说道："每个40岁开外的人，都应该对自己的脸负责。"于是，这项提议被弃置一边了。

这似乎非常不合情理，难道一个人的脸长得不合总统的胃口就不能为国家做事情吗？林肯当然不是这个意思，他说的话不妨作这样的解释：在世上生活了40年的人，应该有许许多多东西在他脸上反映出来——他的欢乐、悲哀、失误，还有生活中经历的风雨、痛苦、孤独和失望的感情，还有战胜困难的意志。这些都能够通过人的容貌展现出来。

一个人的品德会在他的脸上反映出来，所以，要想让人信任，就要从小对自己的行为负责，做一个正直的有责任心的人。

有一个老先生得了病，头痛、背痛、茶饭无味、萎靡不振。他吃了很多药，也不管用。这天听说来了一位著名的中医，他就去看病。名医望、闻、问一番后，给他开了一张方子，让老先生去按方抓药。老先生来到药铺，给卖药的师傅递上方子。师傅接过一看，哈哈大笑，说这方子是治妇科病的，名医犯糊涂了吧？老先生赶忙去找医生，医生却出门了，说要一个多月才能回来。老先生只好揣起方子回家。回家路上，他想糊涂医生开糊涂方，自己竟得了一种内分泌失调的妇女病，禁不住哈哈乐起来。这以后，每当想起这件事，老先生就忍不住要笑。他把这事说给家人和朋友，大家也都忍不住乐了。一个月后，老先生去找医生，笑呵呵地告诉医生方子开错了。医生此时笑着说，这是他故意开错的。老先生是肝气郁结，引起精神抑郁及其他病症。而“笑”，则是他给老先生开的“特效方”。老先生这才恍然大悟。这一个月，老先生光顾着笑了，什么药也没吃，身体却好了。

看到了吗？笑，对一个人的生活有着多么大的影响。它关系着我们的健康、我们的心情、我们与他人的沟通、我们事业的成败、我们生命的意义。

习惯物语

只要你会运用微笑，真正地把上天赋予人类的一项特权展示出来，不仅有助于缩短人与人之间的距离，同时也为你做人做事打开了通畅的大门。

培养做事上的好习惯

培养积极思考、主动独立的个性，培养做事认真细心的好习惯，培养持之以恒的品质。青少年的兴趣来得快去得也快，没常性，要有意培养自己做事善始善终的习惯。这些都是有所成就的必备品质。通过做事，能够体现自己的做人品质，良好的做事习惯，是自己快乐和成功的基础。

自己的事情不麻烦别人

你周围有很多爱你、关心你的人。从一出生，爸爸妈妈就悉心地照顾你，爷爷奶奶也给你这样那样的帮助。上学以后，老师和同学不但与你一起学习，他们有时也帮你做很多事情。正是因为有很多事情是在周围那么多人的帮助下不知不觉地完成的，所以同学们有时候意识不到自己的事情需要自己做，因而对别人产生了依赖心理。比如，小时候你不会铺床叠被，爸爸妈妈也不说什么就帮你整理好了，你有可能觉得这是爸爸妈妈应该做的事情。其实，你已经完全有能力自己做这些事情了，而且是你自己睡的床，你自己盖的被，铺床叠被就是你自己的事情！既然是你自己的事情，你又有能力自己做了，是不是应该“自己的事情自己做”呢？

“自己的事情自己做”，其实是锻炼一个人很重要的能力——自理能力。自理能力就是在别人不提供帮助的情况下，自己照顾自己、管理自己的能力，它是一个人具有独立性的重要体现。也许你平时不觉得，等到了关键时候，它的重要性就非常明显了。

这是一个真实的故事。在一次航海中，鲁滨逊不幸迷失了方向，漂流到一个荒岛上，除了遇到残忍的野人和可怜的俘虏外，再也没有遇到任何人。吃的、穿的、用的、住的，一切全无。后来有一个“星期五”陪伴他，可他不是一个现代文明人，而是一个野人，鲁滨逊还得教他怎么生活。因为这个岛没有船只经过，鲁滨逊也无法与外界取得联系，他在这个荒岛独自生活了28年。28年！一个人待在一个荒岛上！鲁滨逊怎么过的？他必须自己的事情自己做!

在漫长的28年里，鲁滨逊做了许许多多的事。他先后把三个山洞改造为自己的家，靠捕杀野兽为食，然后用野兽皮制作衣服，后来他自己种植了谷物，并制作出了面包……你能想象出鲁滨逊的生活有多么艰苦吗？你佩服鲁滨逊的自理能力吗？

自立能力是生存的基础，一个处处依赖别人的人，在遇到突发情况时就会失去解决问题的能力，只能坐以待毙。

1992年8月，77名日本孩子来到内蒙古大草原，与30名中国孩子一起参加了一个草原探险夏令营，他们的年龄都在11~16岁。这次夏令营要求人人背二十多千克重的物品，每天至少要步行五十多千米，不能让爸爸妈妈和老师同学帮忙，自己的事情自己做。整个过程中，让中国人很心痛地目睹了这样一些真实的情景：刚上路时，日本孩子鼓鼓囊囊的背包里装满了食品和野营用具，而有些中国孩子的背包里只装点吃的。才走了一半的路，一些中国孩子便把水喝光、干粮吃尽，只好请求别人支援。野炊时，凡抄着手不干活儿的，全是中国孩子。中国孩子走一路丢一路东西，而日本孩子却把用过的杂物用塑料袋装好带走；中国孩子病了回大本营睡觉，而生病的日本孩子硬挺着走到底……

中日少年的差别可见一斑：在出发前做准备时，日本同学知道背包里应该装哪些必备用品，一些中国同学却不知道；野炊时，日本同学知道动手做饭，一些中国同学却袖手旁观；在大草原上，日本同学懂得保护环境，一些中国同学却把垃圾随手乱丢；生病的日本同学还坚持到底，不忘记完成这次夏令营的任务，一些中国同学生了病就把自己的“使命”忘到九霄云外了……由此可见，如果一个人自己的事情自己不做，指望别人替你做，即便是一些很简单的事情，你都做不成。可是别人不可能替你做一辈子，等到了关键时刻，等你长大了，你怎么办呢？

习惯物语

自己的事情自己不会做，就等于失去了生存能力，那将是一件多么可怕的事情呀！

做事果断

遇事优柔寡断，拿不定主意，这是在中学生中常见的现象。心理学家认为，人在办事时所表现的这种拿不定主意、优柔寡断的心理现象是意志薄弱的表现。

为什么有些人办事易反反复复、优柔寡断？这主要是因为：

一、心理学认为，对问题的本质缺乏清晰的认识是使人办事拿不定主意，并产生心理冲突的原因。只要留心观察，就不难发现优柔寡断多发生在涉世未深者身上，因为他们对一些事物缺乏必要的知识和经验的缘故。

二、俗话说："一朝被蛇咬，十年怕井绳。"一旦遇到类似的情境，便产生消极的条件反射，踌躇不已。

三、一般说来，优柔寡断者大都具有如下性格特征：缺乏自信，感情脆弱，易受暗示，在集体中随大流，过分小心谨慎等。

四、这种人从小就在备受溺爱的家庭中长大，过着"衣来伸手，饭来张口"的现成生活，父母、兄弟姐妹是其拐杖。这种人一旦独自走上社会，办事就易出现优柔寡断的现象。

另一种情况是家庭从小管束太严，这种教育方式教出来的人只能循规蹈矩，不敢越雷池一步。一旦情况发生变化，他们就担心不合要求，在动机上左右徘徊，拿不定主意。

怎样克服这种办事拿不定主意、优柔寡断的毛病呢？

一、培养自信、自主、自强、自立的勇气和信心，培养自己性格、意志独立的良好品质。

二、心理学认为，人的决策水平与其所具有的知识经验有很大的关系。一个人的知识经验越丰富，其决策水平就越高；反之则越低。这也就是俗话所说的“有胆有识，有识有胆”。

三、“凡事预则立，不预则废”。平时经常开动脑筋，勤学多思是关键时刻有主见的前提和基础。

四、排除外界干扰和暗示，稳定情绪，由此及彼、由表及里仔细分析，亦有助于培养果断的意志。办事如果犹豫不决，你便会被挤到没有机会的死水中。

请牢记，对自己绝不可放纵，你应正视自己的问题，从正面去尝试解决。譬如你害怕在大庭广众前发表意见，就应在大庭广众前与人交谈，如果你现在心里有尚未完成而需要完成的事，切勿迟疑，赶快开始行动吧！

奥纳西斯是闻名于世的希腊船王，他的成功主要得益于做事决断。年轻的时候，他流落在阿根廷街头，穷困潦倒。后来他经过努力，发了点财。

1929 年全世界范围发生了经济危机，当时的阿根廷也不能幸免：工厂倒闭，工人失业，百业萧条，海上运输业也首当其冲，在劫难逃。一天，奥纳西斯听说加拿大国有铁路公司为了渡过危机，准备拍卖家当，其中有 6 艘货船，10 年前价值 200 万美元，如今仅以 2 万美元的价格拍卖。他得到这个消息后，决定买下这 6 艘船。同行们对奥纳西斯的想法嗤之以鼻。是啊，从当时看来，海上运输业实在是太不景气了。海运方面的生意只有经济危机之前的 1/3，这样的状况谁还会傻得去从事海运业呢？一些老牌的海运企业家都纷纷转行了。然而，奥纳西斯经过一番思考之后，果断决策：赶往加拿大，买下拍卖的船只。

人们对奥纳西斯的举动瞠目结舌。大家都觉得他太傻了，这不是白白把大把的钞票往海里扔吗？于是，有人偷偷笑奥纳西斯愚蠢至极，也有人悄悄议论说奥纳西斯的精神有点问题，一些亲朋好友则规劝他不要做赔本买卖。事实上，奥纳西斯有自己的主意，他是经过缜密的思考才做出决断的。他认为经济萧条只是暂时的现象，危机一旦过去，物价就会从暴跌变为暴涨，如果能趁着便宜的时候把船买下来，等价格回升的时候再卖出去，一定能够赚到可观的利润。

果然不出所料，经济危机过后，海运业迅速回升，奥纳西斯从加拿大买回来的那些船只，一夜之间身价陡增。他一跃成为海上霸主，大量财富源源不断地向他涌来，他的资产成几十倍地激增。1945 年，奥纳西斯跨入希腊海运业巨头的行列。

有人说，奥纳西斯的成功是偶然的，但真正了解他的人却不这么认为。一位和奥纳西斯很要好的经济学家评价说："这位希腊人找到了成功的钥匙，勇于决断是通向成功的正确道路。"还有一位经济学家说："他很会到其他人认为一无所获的地方去赚钱。"寥寥数语，道出奥纳西斯成功的秘密。

任何人的成功都是离不开明智的思考和果断的决策的。当我们有了一个目标，当我们想做某一件具体的事情时，一定要敢于决断，千万不能犹豫不决。

米美玉毕业于哈尔滨师范大学，原是哈尔滨一家化工厂的化验员。生活中，她过着平凡的日子，安安稳稳，自得其乐。

1993 年，当她休完产假准备上班的时候，工厂停产了，身为工程师的米美玉和普通工人一样被迫下岗了。一个大学毕业生，还不到 30 岁，上班还没有几年，就成了家庭主妇，米美玉感觉天都要塌下来了。她开始四下寻找就业的机会。恰好，她所在的街道正在换届选举，公开张榜招聘一个居委会主任。米美玉看到了招聘启事，心想：这都是老头儿老太太干的事情，和我一个大学毕业生没有什么联系。可是，有人对米美玉说："你最适合干这个工作了，现在之所以搞公开招聘，就要提高居委会干部的基本素质。"但也有人说："居委会主任是一个出力不讨好的差事，没有级别，待遇又低，整天婆婆妈妈地和居民打交道，薪水又不高，有什么意思？"

到底应该怎么办呢？去不去应聘？米美玉思索着。

最后，米美玉做出了决断，她背着丈夫报名参加了竞选并成了哈尔滨市道里区正阳河街 12 号居委会的主任。

万事开头难。经过一段时间的锻炼，米美玉渐渐地适应了新的工作岗位。她变得大胆、干练、踏实，干起工作来不计较个人的得失。在 12 号居委会，只要提起米美玉，几乎个个居民都称赞他们有个好主任。米美玉用自己的行动证明了她的能力。

不管你是普通的人，还是公司的大老板，不管你要做的是大事，还是小事，都需要当机立断。因为只有敢于决断，善于决断，才能把握时机，取得成功。

美国拉沙叶大学的一位业务员前去拜访西部一小镇上的一位房地产经纪人，想把“销售及商业管理”课程介绍给这位房地产商人。

这位业务员到达房地产经纪人的办公室时，发现他正在一架古老的打字机上打着一封信。这位业务员自我介绍一番，然后介绍所推销的这个课程。

那位房地产商人显然听得津津有味，然而，听完之后，却迟迟不表示意见。

这位业务员只好单刀直入了：“你想参加这个课程吧，不是吗?”

这位房地产商人以一种无精打采的声音回答说：“呀，我自己也不知道是否想参加。”他说的是实话，因为像他这样难以迅速做出决定的优柔寡断的人有数百万之多。

这位对人性有透彻认识的业务员，这时候站起身来，准备离开。但接着他采用了一种多少有点刺激的方法。下面这段话使房地产商人大吃一惊。

“我决定向你说一些你不喜欢听的话，但这些话可能对你很有帮助。先看看你工作的办公室，地板脏得怕人，墙壁上全是灰尘。你现在所使用的打字机看来好像是大洪水时代诺亚先生在方舟上所用过的。你的衣服又脏又破，你脸上的胡子也未刮干净，你的眼光告诉我你已经被打败了。

“在我的想象中，在你家里，你太太和你的孩子穿得也不好，吃得也许也不好。你的太太一直忠实地跟着你，但你的成就并不如她当初所希望的。在你们刚结婚时，她本以为你将来会有很大的成就。

“请记住，我现在并不是向一位准备进入我们学校的学生讲话，即使你用现金预缴学费，我也不会接受。因为，如果我接受了，你将不会拥有去完成它的进取心，而这些人不希望我们的学生当中有人失败。

“现在，我告诉你为何失败。那是因为优柔寡断的你没有做出一项决定的能力。在你的一生中，你一直养成一种习惯：逃避责任，无法做出决定。错过了今天，即使你想做什么，也无法办得到了。

“如果你告诉我，你想参加这个课程，或者你想不参加这个课程，那么，我会同情你。因为我知道，你是因为没钱才如此犹豫不决。但结果你说什么呢？你承认你并不知道你究竟参加或不参加。你已养成逃避责任的习惯，无法对影响到你生活的所有事情做出明确的决定。”

这位房地产商人呆坐在椅子上，下巴往后缩，他的眼睛因惊讶而膨胀，但他并不想对这些尖刻的指控进行答辩。

这位业务员道声再见，走了出去，随后把房门关上。但再度把门打开，走了回来，带着微笑在那位吃惊的房地产商人面前坐下来，又说：“我的批评也许伤害了你，但我倒是希望能够触怒你。现在让我以男人对男人的态度告诉你，我认为你很有智慧，而且我确信你有能力。你不幸养成了一种令你失败的习惯。但你可以再度站起来。我可以扶你一把，只要你愿意原谅我刚才所说过的那些话。”

“你并不属于这个小镇。这个地方不适合从事房地产生意。赶快替自己找套新衣服，即使向人借钱也要去买来，然后跟我到圣路易市去。我将介绍一个房地产商人和你认识，他可以给你一些赚大钱的机会，同时还可以教你有关这一行业的注意事项，你以后投资时可以运用。你愿意跟我来吗？”

那位房地产商人竟然抱头哭泣起来。最后，他努力地站了起来，和这位业务员握着手，感谢他的好意，并说他愿意接受他的劝告，但要以自己的方式去进行。他要了一张空白报名表，答应报名参加《推销与商业管理》课程，并且凑了一些硬币，先交了头一期的学费。

3 年以后，这位去掉了优柔寡断弱点的房地产商人开了一家拥有 60 名业务员的大公司，成为圣路易市最成功的房地产商人之一。

犹豫不决和优柔寡断，对于一个人来说，实在是一个致命的缺陷。有此种弱点的人，不会是有毅力的人。这种性格上的弱点，可以破坏一个人的自信心，也可以破坏他的判断力。

“这本书多少钱？”在富兰克林办的书店里，一个中年男人在犹豫了将近 1 个小时后，终于开口问店员。

“1 美元。”店员回答。

“1 美元？”这男人又问道，“你能不能便宜点？”

“它的价格就是 1 美元。”店员斩钉截铁地回答。

这位顾客还是没有掏钱的意思，又问店员：“富兰克林先生在吗？”

“在。”店员答道，“他正在印刷室忙着呢。”

“那请转告他，我要见见他。”这个人坚持一定要见富兰克林。于是，富兰克林被找了出来。

“富兰克林先生，”这人问道，“这本书你能出的最低价格是多少？”

“1 美元 25 分。”富兰克林不假思索地回答。

“1 美元 25 分？”中年男人怀疑自己听错了，说，“不对吧，刚才你的店员还说每本 1 美元。”

“他说的没错，”富兰克林说，“但是，时间宝贵，我宁愿倒找给你 1 美元，也不愿为回答你提出的这种问题而离开我的工作。”

男人受到了震动。他犹豫了一下，想马上结束自己引起的令人不快的话题，便说：“好，富兰克林先生，你说这本书最少要多少钱。”

“1 美元 50 分。”

“怎么，又变成了 1 美元 50 分？你刚才不还说要 1 美元 25 分吗？”

“是的，”富兰克林冷冷地说，“现在我能出的最好价钱就是 1 美元 50 分。”

这个男人终于没有再说什么，默默地把 1 美元 50 分放在柜台上，拿起书走了。富兰克林这位著名的政治家和物理学家给他上了终生难忘的一课：对于有志者来说，时间就是金钱。做事不要养成优柔寡断的坏毛病，那最后吃亏的只能是自己。

习惯物语

优柔寡断、犹豫不决就是在浪费做事的机会，成功就会与其擦肩而过。因此，做事决不能优柔寡断。

勇于承担责任

责任感是前进的一种动力，缺乏责任感的孩子只会坐享其成，缺少前进的动力。许多孩子出生在幸福的家庭，父母望子成龙心切，一心想让孩子成才，在这美好愿望的驱使下，许多父母心甘情愿、尽其所有、尽其所能地替孩子做一切事，把孩子的责任担到自己肩上。结果却是孩子缺乏奋发向上的愿望、缺乏责任心，这样的孩子是不可能成才的。可见，培养孩子的责任心是非常重要的。

责任感是人们对自己的言行带来的社会价值进行自我判断后产生的情感体验。责任感是人们安身立命的基础，当一个人具有某些能力时，就要对相应的事情负责。但是，孩子做事往往更多地重视行为过程本身，而不太重视行为的结果。

现在有些父母不太重视培养孩子的责任心，当孩子遇到一些事情的时候，父母总想替孩子完成，希望能为孩子留出更多的时间去学习。

要养成责任感，必须养成对自己的行为结果负责的习惯。以下是我们给出的一些小建议：

一、自己处理自己的事情。不让父母包办，在学习、生活中学会自己的事情自己做。也就是学会独立思考问题、独立解决问题、独立去处理自己应做的事。

二、懂得自己行为的后果。著名教育家茨格拉夫人说："必须教育孩子懂得他们不同的一举一动能产生不同的后果，那么随着时间的推移，孩子们一定会学得很有责任感的。"

克洛里是纽约泰勒木材公司的推销员，多少年来，他总是明确指出那些脾气大的木材检验人员的错误，他也赢得了好评，可是一点好处也没有。"因为那些检验员，"克洛里说，"和棒球裁判一样，一旦裁决下去，决不肯再改。"

克洛里看出，他虽在口舌上获胜，却使公司损失了成千上万的金钱，因此，他决定改变技巧，不再抬杠了。他自述了改变后的效果：

"有一天早上，我办公室的电话响了，一位愤怒的主顾在电话那头抱怨我们运去的一车木材完全不合乎他们的规格。他的公司已经下令停止卸货，请我们立刻安排把木材搬回去。在木材卸下 1/4 车后，他们的木材检验员报告说 55% 不合规格，在这种情况下他们拒绝接受。

"我立刻动身到对方的工厂去。途中，我一直在寻找一个解决问题的最佳办法。一般在那种情况下，我会以我的工作经验和知识，来说服对方的检验员，那批木材符合标准。然而，我又想，还是把学到的做人处世原则运用一番看看。

“我到了工厂，发现科主任和检验员闷闷不乐，一副等着抬杠吵架的姿态。我们走到卸货的卡车前，我要求他们继续卸货，让我看看情形如何。我请检验员继续把不合格的木料挑出来，把合格的放到另一堆。

“看着他工作的进程，我才知道，原来他的检查太严格，而且也把检验规则弄错了。那批木料是白松，虽然我知道那位检验员对硬木的知识很丰富，但检验白松却不够格，经验也不多。白松碰巧是我内行的，但我能对检验员评定白松的方式提出反对意见吗？不行。我继续观看，慢慢地开始问他某些木料不合乎标准的理由何在。我一点也没有暗示他检查错了。我强调，我请教他，只是希望以后送货时，能确实满足他们公司的要求。

“以一种非常友好而合作的语气请教他，并且坚持要他把不满意的部分挑出来，这使他高兴起来，于是我们之间的剑拔弩张的气氛开始松弛了。偶尔我也小心地提几句，让他自己觉得有些不能接受的木料可能是合乎规格的，也使他觉得他们的价格只能要求这种货色。但是，我非常小心，不让他认为我有意为难他。

“渐渐的，他的整个态度改观了。最后他坦白承认，他对白松木的经验不多，并且向我询问车上搬下来的白松板的问题。我就对他解释为什么那些松板都合乎检验规格。而且仍然坚持，如果他还认为不合用，我们不会要求他收下。他终于到了每挑出一块不合用的木材，就有罪恶感的地步。最后他指出，错误是在他们自己没有明确指出它们所需要的木材是多少等级。

“最后的结果是，他重新把卸下的木料检验一遍，全部接受，于是我们收到一张全额支票。

“单以这件事来说，运用一点小技巧，以及尽量遏止自己点出别人的错误，就让公司获得了一大笔金钱，而我们所获得的客户的信任，则是用金钱无法衡量的。”

“最大的失败，就是永不言败”。不愿面对失败与不肯承认失败同样糟糕，其实，若能把失败当成人生必修的功课，你会发现，大部分的失败都会给你带来一些意想不到的好处！

星期天，一群小男孩在公园里做游戏，游戏的规则是这样的：他们在模拟一个军事活动。我们要知道，男孩对军队部署有着天生的兴趣。在这个部署中，有人扮演将军，有人扮演上校，也有人扮演普通的士兵。这个小男孩抽到了士兵的角色。

他要接受所有长官的命令，而且要按照命令丝毫不差地完成任务。

“现在，我命令你去那个堡垒旁边站岗，没有我的命令不准离开。”扮演上校的另一个男孩一边指着公园里的垃圾房，一边神气地对小男孩说道。

“是的，长官。”小男孩快速、清脆地答道。

接着，“长官”们离开现场。小男孩来到垃圾房旁边，立正，站岗。

时间一分一秒地过去了，小男孩的双腿开始发酸，双手开始无力，很显然已经进入疲劳状态。更要命的是，天色渐渐暗下来，却还不见“长官”来解除任务。

现在是什么时间？他不知道。

“长官”去了哪里？他也不知道，因为他不能离开岗位去寻找他的伙伴。

一个路人经过，看到正在站岗的小男孩，惊奇地问道：

“你一直站在这里干什么呢？你已经在这里站了两个多小时了。知道吗？下午进公园的时候我就看见你了。”

“我在站岗，没有长官的命令，我不能离开。”小男孩答道。

“你，站岗？”路人哈哈大笑起来，“这只是游戏而已，干吗当真呢？”

“不，我是一名士兵，要遵守长官的命令。”小男孩答道。

“可是，你的小伙伴们可能已经回到家里，不会有人来下命令了，你还是回家吧。”路人劝道。

“不行，这是我的任务，是我该负的责任，要是没有完成的话，以后他们就不让我参加军事演习了。我不能离开。”小男孩坚定地回答。

路人拿这位倔强的小家伙没有办法，他摇了摇头，准备离开。

小男孩开始觉得事情有一些不对劲：也许小伙伴们真的回家了。于是，他向路人求助道：“其实，我很想知道我的长官现在在哪里。你能不能帮我找到他们，让他们来给我解除任务。”

路人答应了。过了一会儿，他带来了一个不太好的消息：公园里没有一个小孩子。更糟糕的是，再过10分钟这里就要关门了。

小男孩开始着急了。他很想离开，但是没有得到离开的准许。难道他要在公园里一直待到天亮吗？

事情并没有想象中那么糟糕。正在这时，一位军官走了过来，他了解完情况后脱去身上的大衣，亮出自己的军装和军衔。接着，他以上校的身份郑重地向小男孩下命令，让他结束任务，离开岗位。

军官对小男孩的执行态度十分赞赏。回到家后，他告诉自己的老伴："这个孩子长大以后一定是名出色的军人。他对工作岗位的责任意识让我震惊。"

军官的话一点没错。后来，小男孩果然成为一名赫赫有名的军队领袖——布莱德雷将军。

在上面这个故事中，我们可以看出，哪怕是在游戏之中，小男孩也尽职尽责地履行自己的责任。

习惯物语

责任心是做人、成事的基础，因为有责任心的人，首先要有一定的道德水准，否则他也不可能对事情负责任。责任心也是做事情的标准之一，没有责任心就不可能认真去做事。

做事有恒心

我们无论在学习还是在生活中，总会遇到困难或者挫折，那我们该怎么面对这些困难和挫折呢？

当苦难来到的时候，最先打击的是我们心灵中最薄弱的地方：也许是缺少耐心，也许是不够坚强……总之，痛苦会明确地告诉我们缺点是什么，把隐藏着的危险摆出来。然后，给我们自省的时间，让我们清楚地了解为什么自己会有这样的弱点。接下来，我们就要做出一个明确的选择：是屈服于苦难，还是直面苦难，勇敢地战胜它。如果我们选择了后者，我们就开始拥有战胜挫折的希望了。

意大利画家达·芬奇做学徒的时候，才华深潜未露。当时，他的老师是位很有名望的画家，年老多病，作画时常感力不从心。

一天，他要达·芬奇替他画一幅未完成的作品，年轻的达·芬奇只是一个学徒。他十分崇敬老师的为人和作品，他根本不敢接受老师的任务。他没有自信去画，更害怕把老师的作品毁了。可是，老画家不管达·芬奇怎么说，一定要让他画。

最后，达·芬奇战战兢兢地拿起了画笔，很快，他进入了物我两忘的境地，内心的艺术感受喷涌而出。画完成后，老画家来画室评鉴他的画，当他看到达·芬奇的作品时，惊讶得说不出话来。他把年轻的达·芬奇抱住："有了你，我从此不用作画了。"

从此以后，达·芬奇找回了自信，他的才能得到最大限度地发挥，终成一代大师。

达·芬奇的故事告诉我们，人有时候无法了解自己。在一项充满挑战的工作面前，大多数人会觉得自己不配，没有本事，没有能力去完成，这样我们就会永远活在自己设置的阴影里。其实，尝试可以使我们发现自己生命中优秀的潜能。

绝大多数失败都是陷于半途而废的泥潭，而所有成功的人几乎都是从倦怠的泥潭中突围出来的。世上没有等来的伯乐，最好的伯乐往往是你自己。

24 岁的约翰逊是一位平凡的美国人，他以母亲的家具做抵押，得到了 500 美元贷款，开办了一家小小的出版公司。他创办的第一本杂志是《黑人文摘》。为了扩大发行量，他有了一个非常大胆的想法：组织一系列以"假如我是黑人"为题的文章，请白人在写文章的时候把自己摆放在黑人的地位上，严肃地来看待这个问题。他想，如果请罗斯福总统的夫人埃莉诺来写一篇这样的文章是最好不过了。于是，约翰逊便给罗斯福夫人写了一封请求信。

罗斯福夫人给约翰逊回了信，说她太忙，没有时间写。约翰逊见罗斯福夫人没有说自己不愿意写，就决定坚持下去，一定要请罗斯福夫人写一篇文章。

一个月后，约翰逊又给罗斯福夫人发了一封信。夫人回信仍说太忙。此后，每过一个月，约翰逊就给罗斯福夫人写一封信。夫人也总是回信说连一分钟的空闲也没有。约翰逊依然坚持发信，他相信，只要他坚持下去，总有一天夫人是会有时间的。

一天，他在报上看到了罗斯福夫人在芝加哥发表谈话的消息。他决定再试一次。他打了一份电报给罗斯福夫人，问她是否愿意趁在芝加哥的时候为《黑人文摘》写那样一篇文章。罗斯福夫人终于被约翰逊的坚忍和耐性感动了，寄来了文章。结果，《黑人文摘》的发行量在一个月之内由 5 万份增加到 15 万份。这次事件成为约翰逊事业的重要转折点。后来，约翰逊的出版公司成为美国第二大的黑人企业。1973 年，约翰逊又买下了芝加哥市的广播电台，经营起了新潮妇女化妆品。约翰逊认为他的成功得益于母亲的教诲："取得成功总得去努力，有时候要经过许多失败。你应该像长跑运动员那样，不断向前，坚持下去，也许你会勤奋地工作一生而一事无成，但是，如果不去勤奋地工作，你就肯定不会有成就。"

坚持下去，已经成为所有卓越人物的共同点，成为他们生活中的一个基调。每一个成功的人，在确定了自己的正确道路后，都在不屈不挠地坚持着，忍耐着，直到胜利。

习惯物语

每一个人的生命都潜藏着许多自己也不知道的能量，如果不去尝试，这些能量永远也没有机会大放异彩。只要我们勇敢地向前走一步，那些像火一样炙热的才情也许会喷涌而出。世上许多美好的东西的最初，有时只是一次不经意的尝试。

不寻找借口

找借口是一种不好的习惯，一旦养成了找借口的习惯，我们将会成为借口的奴隶。

人的习惯是在不知不觉中养成的，是某种行为、思想、态度在脑海深处逐步成型的一个漫长的过程。

任何一种思想和行为的方式，只要不假思索，完全出于自发，它就成了习惯。习惯一旦形成，就具有很强的惯性，是很难改正的，更难根除。所以，我们千万不要让自己成为借口的奴隶。

当我们养成了找借口的习惯，做事就会拖沓、没有效率。

没有任何借口是执行力的表现。无论做什么事情，都要记住自己的责任，无论在什么样的工作岗位，都要对自己的工作负责。

现实生活中有两种人，一种是不找任何借口做事情的人，另一种是整天找借口为自己开脱的人。

我们经常会听到各种各样的借口："这个问题太难了，我对付不了。"

"现在都下班了，明天再说吧。"

"这件事小王也有责任。"

"我太累了，这事明天再做。"

这样的借口太多了，如果你是老板，听到员工这样的推辞，也不会心情愉快的。我们缺少的正是那种想尽办法去完成任务，而不是去寻找借口的人。

喜欢足球的朋友都知道，德国足球队向来以作风顽强著称，因而在世界赛场上有很大的成就。

德国足球成功的因素有很多，但有一点却更值得研究，那就是德国队队员在贯彻教练的意图、完成自己位置所担负的任务方面执行得非常得力，即使在比分落后或全队困难时也一如既往，没有任何借口。

你或许会说他们死板、机械，也可以说他们没有创造力，不懂足球艺术，但成绩说明一切。至少在这一点上，作为足球运动员，他们是优秀的，因为他们身上有着执行力的特质。

所以，无论是足球队还是企业，或员工，如果喜欢找借口，不去执行，就算有再多的创造力也不会取得好的成绩。不找任何借口的人，他们身上所体现出来的是一种服从、诚实的态度，一种负责敬业的精神，一种完美的执行力。

"没有任何借口"理念的核心是敬业、责任、服从、诚实，这一理念是提升办事能力、成就大事最重要的准则之一。

但是，不幸的是，在生活和工作中，我们经常会听到各种各样的借口。借口让我们暂时逃避了困难和责任，获得了一些心理上的慰藉。借口是推卸责任的最好办法，有多少人把宝贵的时间和精力放在了如何寻找一个合适的借口上，而忘记了自己的职责和责任啊！

归纳起来，我们经常听到的借口主要有以下几种表现形式。

一、“这不关我的事”。许多借口总是把“不”、“不是”与“我”紧密联系在一起，也就是指这不是我的责任，这种人不愿承担责任，把本应自己承担的责任推卸给别人。

一个没有责任感的人，不可能获得别人的信任和支持，也不可能获得别人的信赖和尊重。如果人人都寻找借口，无形中会削弱团队协调作战的能力。

二、“我很忙”。如果细心观察，我们很容易就会发现，几乎每个领域里都存在着这样的人：他们每天看起来忙忙碌碌，似乎尽职尽责了，但是，他们把本应很快就可以完成的事情变得需要半天的时间甚至更多。

三、“我以前不是这样做的”。寻找借口的人总是不愿意创新，他们缺乏一种主动自发学习的能力。因此，如果希望这些人做出创造性的成绩是徒劳的。借口会让他们躺在以前的经验、规则和思维惯性上舒服地睡大觉。

四、“这件事我不会”。这其实是为自己的能力或经验不足而造成的失误寻找借口，这样做显然是非常不明智的。借口只能让人逃避一时，没有谁天生就能力非凡，正确的态度是正视现实，以一种积极的心态去努力学习、不断进取。

五、“他比我行”。碰到艰巨任务时，这是推脱责任的最好借口，把难题扔给了别人。这种人是消极颓废的，他们养成了寻找借口的习惯后，遇到任何困难和挫折时，都不是积极地去想办法克服，而是去找各种各样的借口。这种消极心态剥夺了个人成功的机会，最终让人一事无成。

在西点军校，不管什么时候遇到学长或军官问话，只能有四种回答：

“报告长官，是。”

“报告长官，不是。”

“报告长官，没有任何借口。”

“报告长官，我不知道。”

除此之外，不能多说一个字，不能找任何借口。

这看起来似乎很绝对、很不公平，但是人生并不是永远公平的。

“没有任何借口”是美国西点军校两百年来奉行的最重要的行为准则，是西点军校传授给每一位新生的第一个理念。它强化的是每一位学员想尽办法去完成任何一项任务，而不是为没有完成任务去寻找任何借口，哪怕是看似合理的借口。这么做的目的是为了让学员学会适应压力，培养他们不达目的誓不罢休的毅力和承担责任的勇气。它让每一个学员懂得：工作中是没有任何借口的，失败是没有任何借口的，人生也没有任何借口。无论遭遇什么样的环境，都必须学会对自己的一切行为负责！

秉承这一理念，无数西点毕业生在人生的各个领域都取得了非凡的成就。有一组教字：第二次世界大战后，在世界500强企业里面，西点军校培养出来的董事长有1000多名，副董事长有2000多名，总经理一级的有5000多名。任何商学院都没有培养出这么多优秀的经营管理者。

巴顿将军在他的战争回忆录《我所知道的战争》中曾写到这样一个细节：“我要提拔人时，常常把所有的候选人排到一起，给他们提一个我想要他们解决的问题。这个问题是：在仓库后面挖一条战壕，8英尺长，3英尺宽，6英寸深（1英尺=0.3048米，1英寸=2.54厘米）。我有一个带窗户或大节孔的仓库。候选人正在检查工具时，我走进仓库，通过窗户或节孔观察他们。我看到伙计们把锹和镐都放到仓库后面的地上。他们休息几分钟后开始议论我为什么要他们挖这么浅的战壕。他们有的说6英寸深还不够当火炮掩体。其他人争论说，这样的战壕太热或太冷。如果伙计们是军官，他们会抱怨他们不该干挖战壕这么普通的体力劳动。

“最后，有个伙计对别人下命令：‘让我们把战壕挖好后离开这里吧。那个老家伙想用战壕干什么都没关系。’”

最后，巴顿写道：“那个伙计得到了提拔。我必须挑选不找任何借口地完成任务的人。”

习惯物语

做事时不能有任何借口，把寻找借口的时间和精力用到努力中来吧！只有具有这种态度，成功才会属于你！

不和人计较

孩子在交往过程中会经常遇到小的矛盾和冲突。对孩子来讲，这能促使他们慢慢地了解“自我”与“他人”的关系，知道蛮横、不讲理，任性和霸道，在社会上是行不通的。并从中学会与人相处、妥善处理问题的方法。学会原谅别人，是孩子的必修课。它有利于克服“自我中心”意识，知道“我”与“他人”的含义；有利于人际关系的和谐，培养幼儿的社会适应能力与合作精神；能帮助孩子学会宽容、忍让，为别人着想，促进孩子良好性格的形成。

对小是小非，没有严重后果的个人冲突，无意的损伤等尽可能地不要计较，要加以忍让与原谅。总是与人斤斤计较，毫不容人，别人就会害怕或不喜欢与你做朋友。不会原谅别人，也得不到别人的原谅。养成霸道、蛮横、自私、无情的坏习惯，容易被孤立，今后走入社会就会吃大亏。

有两个在大学是同学的男士，毕业后一起进入演艺圈，他们都很有才气，在学校的时候就显得与众不同，两人虽然彼此惺惺相惜，却也因好强而暗中较量。

两人虽然都在演艺圈，但一位选择当了导演，另一位则选择当了演员。

经过一段时间努力，两人都在工作岗位上表现得很出色，也各自拥有了一席之地。有一次，刚好有部电影让他俩合作，基于两人是要好的同学，而且心里对彼此的才能和需求都非常了解，所以爽快地答应一起合作。

这个导演对于演员一向要求严格，所以在拍戏的过程之中，虽然是自己的同学也毫不客气地加以指责。而已经是名演员的老同学也老是有自己的意见，所以片场的火药味总是很浓。

有一天，导演因为几个镜头一直拍不好，不禁怒火中烧，对着自己的老同学大发脾气，一句重话脱口而出："我从来没见过这么烂的演员！"

名演员一听，脸色苍白地愣住了。他走到休息室，不肯出来继续拍戏。

经过众人的劝说，导演摸着鼻子走到休息室，对老同学说："你知道，人在生气时，难免会口不择言，可是冷静下来想了想……"

名演员一听，对方是来道歉的，头不禁抬得高高的。

导演一见他那副模样，竟然支支吾吾地讲不出后面的话来，过了半天才突然说，"我……我想了想……还是觉得你是个很烂的演员！"

此话一出，后果可想而知了，名演员退出这部电影，两人从此绝交。

两人在演艺圈奋斗一生，年华渐渐老去。直到名演员患了重病，临死前要求见导演一面。

导演听了急忙赶到医院，在名演员咽下最后一口气前，才泪流满面地对他说："我发誓，你是我这辈子所见过的最好的演员！"

名演员注视着老同学，含笑而逝。两人多年的心结，虽然终于冰释，只可惜稍嫌晚了一些。

人要勇于及时地承认自己的错误。掩饰自己的错误，将会留下终生的遗憾。

习惯物语

原谅别人就等于给别人一次悔过的机会，同时也给自己一次机会。

谨慎思考

一个人无论做什么事都要三思而后行，否则就会出现不堪设想的后果。当你觉得自己的判断并不十分准确时，宁可稍待些时日，多多考虑斟酌一番，切勿草率从事。

在你等待的时日中，也切勿忧虑伤感。你所应该做的第一件事，就是多搜集一些可帮助你决定的实际材料，多参考些先例。你所搜集和参考的资料愈多，你的决定也会愈正确。

等到你对于那个问题完全了解，对于“决定”的后果，也有了充分的把握之后，那你不妨立刻加以实施，因为这时你的确已无所顾忌了。这就是说：决定的快慢，必须依实际的情况取决，切勿在事实还未允许你决定之前，便急躁不安、草率行事。

轻率行动必然失去根基，急躁妄动必然失去主宰。我们一再强调做事千万不能轻率从事，性情急躁。因为一时心血来潮，就会失去主宰。

三国时的刘备可谓一代明君，但他一时轻率，做出了终生后悔的事，从而丧失了统一大业。关羽败走麦城，被东吴所杀，刘备感情用事，兴兵伐吴，最后导致兵败，蜀国由此开始走下坡路。

刘备兴兵伐吴，首先违背了诸葛亮“联吴抗魏，三分天下”的战略决策，将军赵云首先反对，他说：“当前，我们的主要敌人是曹操，不是孙权。如果我们灭掉了魏，吴自然会来顺服。现在曹操刚死，曹丕篡夺了帝位，我们正好利用这个有利时机，团结大家，趁早占领关中，控制黄河、渭水的上游，讨伐曹魏。这样名正言顺，我们一定会得到关东人民的响应。我们不应该把曹魏搁在一边，先同东吴交战。战火一经点燃，就会蔓延下去，很难收拾了，这不是上策。”但是，刘备不听。

孙权也不愿意再扩大两国的纠纷，两次派遣使者去求和，都被刘备拒绝了。

东吴的南郡太守诸葛瑾写信给刘备，信里明确指出：“从君臣的关系上讲，您应该亲关羽呢，还是更应亲先帝（汉朝末代皇帝汉献帝）？从地域上讲，荆州大呢，还是整个中国大？魏和吴都是您的敌国，但您应该先对付哪一个？请您仔细考虑一下。”

刘备不听任何人的劝阻，大兵伐吴，结果一败涂地，这一战损伤了蜀国元气，诸葛亮统一天下的大计也成了梦想，刘备也在大战不久后病死在白帝城。

“将不可愠而致战。”刘备伐吴时，蜀军在吴营前叫骂挑战，吴将气得浑身发抖，大家请求出兵攻打蜀军，陆逊坚决不答应。他对诸将解释说：“刘备天下闻名，曹操活着的时候还对他有所顾忌，这次他亲自率领大军，进攻东吴，已经连打了十几阵胜仗，深入我们国土五六百里，锐气正盛。现在他列阵在平原广野之间，正是得志的时候。很明显，目前他要引诱我军出战，然后一鼓歼之。因此，我们必须镇定，不能轻易出击。等到蜀军求战不得，斗志消沉，我们再进攻，一定能取胜。”同时他还指出：“刘备非常狡猾，诡计多端，绝不会只叫吴班一支军队出城，他的后面必然有埋伏。”

刘备看吴兵不出来迎战，知道自己的计划破产了，于是把隐藏在山谷中的军队都调了出来，这时众将对陆逊才心服口服了。

公元234年，诸葛亮率大军伐魏，司马懿仍然采用防守的方法，不同诸葛亮交战。诸葛亮派人给司马懿送去妇人衣物和书信。司马懿拆书观看，书中说：“仲达既为大将，统率中原之众，不思披坚执锐，以决雌雄，乃甘窟守土巢，谨避刀箭，与妇人又何异哉！今遣人送巾帼素衣至，如不出战，可再拜而受之。倘耻心未泯，犹有男子胸襟，早与批回，依期赴敌。”

司马懿看完书信，心中大怒，但他仍然笑着说：“孔明视我为妇人耶！”接受了衣物，并重待来使。司马懿问来使：“孔明寝食及事之繁简怎样？”

使者回答说：“丞相起早睡晚，罚二十以上者来览。所啖之食，日不过数升。”

司马懿回头对众将说：“孔明食少事烦，岂能久乎？”

使者回去见了孔明之后说：“司马懿受了巾帼女衣，看了书札，并不嗔怒，只问丞相寝食及事之繁简，绝不提军旅之事。某以此应对，彼言：‘食少事烦，岂能久乎？’”

孔明叹气说：“彼深知我也！”孔明这次出祁山，死于五丈原。

司马懿在这场心理斗争中，表现出高超的心理素质，不为孔明之辱而轻举妄动，同时，他还能做到“知彼知己”，在心理上给孔明以有力的反击。这场心理战，孔明用计不成，反被司马懿回头一击，只得自叹。

一个君主或一个将帅，必须有高度的修养，能以国家的安危，民众的生死为重，不以自己的喜怒作为战与不战的根据，这样的君主、将帅，才是明智的君主、智慧的将帅。刘备的失败，也从反面说明了这个道理。

美国著名的化学家李托，有一次若不是他在决定行动之前等待了一会儿，几乎就会铸下一个大错。他说：“当我独立经营了几年化学工厂之后，有一次，忽然赔了一大笔钱，几乎使我多年来辛勤经营所得完全付诸东流。当时我真是懊丧万分、寝食俱废。我竟认为经营这桩事是永无希望了，准备仍旧去做一个职员，因为当时刚好有许多薪水还不错的职位，可以任我去选择。

“于是当天下午，就开始动手结束我几年来辛苦经营的公司，我把许多平日视为一刻不能分离的东西，都一一束之高阁……

“但是，凑巧就在这时，从前我曾经服务过的一家公司的经理来拜访我。我不等他问，就把自己的烦恼告诉了他。他听了似乎有些不解，却从怀里摸出表来，看了看说：‘现在已是晚餐的时刻了，让我们吃了晚饭再谈这事吧！’

“他把我领到他所创办的俱乐部里，随便点了几样美味可口的菜肴，两人在席间东谈西扯，吃得十分高兴。当时，我的烦恼也因而逃得无影无踪了。

“后来那位经理在言语间，问起我刚才究竟有些什么烦恼。‘没有什么’，我说，‘那不过是我一时的感情波动罢了。’晚餐归来后，我极舒服地睡了一晚。第二天醒来，立刻觉得神清气爽，精神振作了不少。想起昨天自己一场无谓的胡闹，反而觉得十分好笑。从那天起我决定仍旧从事我的工作，永不因为任何阻力而放弃。

“同时，这次的事也给了我一个极宝贵的经验：就是一个人当他的精神受了刺激，或感到饥饿、疲乏等种种不适时，千万不要决定任何事情。因为那时你至少已经失去了一半的判断力，如果你草率决定，事后你一定会觉得悔不当初。”

所以当你决定一件不好的事情之前，最好先问问自己：身体上是否有些不适？心中是否有些烦闷？

习惯物语

凡事应“三思而后行”。很多人失败不是因为他没有能力，而因为他没有一个冷静的头脑。面对令自己愤怒的事，不能静下心来仔细考虑解决的方法，而是凭一时的冲动乱来，结果自食苦果。

做好计划

你有梦想吗？有。

好。你需要一个可行的计划来帮助你完成自己的梦想。一个周详的计划可以反映你可以做什么，你实现梦想需要多少步骤，你成功的几率有多大。一个有效的计划应该用一系列新的程式代替旧的，这需要你的创意和毅力。

改掉没有计划就去做事的习惯。没有计划就意味着做事没有条理，到头来只会导致你十个手指抓九只兔子，当然一只也抓不到。

时间对每一个人都是公平的，都是一天 24 小时，一年 365 天，但实际生活中我们常常会发现，有的人整天忙得焦头烂额，学习和工作效果却不理想；有的人却学得轻松、玩得从容，既把学习任务完成得很好，也有时间安排自己喜欢的事情。同样多的时间，相同的任务，为什么差异会如此之大呢？最重要的原因是管理时间的方式和能力不同。

管理好时间的首要事情，就是要事先做计划。计划主要包括目标、具体任务、时间安排等几方面内容。对每天、每周、每月以及每个阶段的目标、任务和时间均做出准确的计划，才能控制好时间。假如学习没有计划，往往会事倍功半。而一个成功的人，肯定是一个高效的人；一个高效的人，肯定是一个时间管理得很有计划、很合理、很正确而且是很聪明的人。因此，从现在开始，让我们树立和加强计划的意识，做某件事情时，一定要问自己一句："我的计划呢？"

有的朋友说："我做事情也制定计划，可执行时往往不能按照计划进行。"这种情况的确会出现，有时候因为事先对任务的难度和所需要时间估计不足；有时候是因为我们一再拖延导致计划无法正常进行。在第一种情况下，我们随时调整计划，使其更合理就可以。面对第二种情况，我们就要分析拖延的原因：是你对任务本身不感兴趣故而缺乏动力，还是担心自己做不好为避免失败而拖延？所以，做事情前，要尽可能了解自己内心真正的想法，从而针对真实的情况制定计划。这样，计划才可能被有效执行。

可见，光有计划是不够的，关键是要有执行计划的能力。其中，很重要的一点就是克服惰性，当日事当日毕。如果难以完成的事情不断累积，最后越积越多，你的计划就会被弄得乱七八糟，你所做的事情就要花费数倍的时间，甚至有时就不了了之了。

有关学者曾在一所小学的一群小学生中做了一个关于理想的追踪调查，几年以后发现，有理想和目标的学生大部分成绩斐然，而没有理想和目标的学生却成绩平平。这些说明，理想和目标在人生中是多么重要。人没有生活的目标，就像一只没有舵的船，永远漂流不定，随波逐流，最后只会漂到失望、失败的海滩。

那么，一个人该如何设定目标呢？目标包含着大的目标，也包含着小的目标。首先，要为自己设定一个大的目标，然后设定一个小的目标，最后再一步步去实现。

有些同学，一到休息的日子，就不知道要干什么了，一会儿摸摸这个，一会儿弄点那个……时间白白地过去，学没有学成，玩也没有玩好，这就是因为没有目标的缘故。解决这个问题最好的办法就是：把目标写出来，按轻重缓急的次序列出，然后全力以赴地去做每一件事。每做完一件，你就用红笔打上标记，这样，你的大目标就一定能最终实现。如果你想做完一件事，那就定一个“倒计时”表，按时去完成每一个阶段的任务，坚持下去，这件事就一定能办成。

现在就开始行动吧！给自己定个目标，并且马上开始做！

古时候，有一个北方人想到南方的某地。有一天，北方人准备齐车马，收拾好行囊，然后便在一个风和日暖的日子驱车启程，在马蹄的“得得”声中一路向北驰去。

路上，北方人遇到了一个熟人，这个熟人见到他，很惊奇地问道：“咦，你不是要到南方去吗？怎么现在却往北走啊？”

北方人笑了笑说：“我有一匹好马，还有充分的准备，我的马夫技术又十分娴熟，我什么地方去不了呢？”

那个人听后，看着地面上留下的车辙，善意地指给北方人说：“你看，你的车马虽好，准备虽然充分，可是却把方向弄错了，这样走只会越走离南方越远啊!”

可是，任他怎么说，北方人仍是固执己见。于是，在一阵打马扬鞭的吆喝声中，北方人随同他的车马终于与南方背道而驰，越走越远。

没有预先策划而莽撞办事的人，就只能像上面这个故事中的人物一样，其结果只能与自己的目的相反。古往今来，凡是办得好的事，办得成功的事，无一不是在周密的策划之后完成的。

美国伯利恒钢铁公司总裁查理斯·舒瓦普向效率专家艾维·利请教“如何更好地执行计划”的方法。

艾维·利声称可以在10分钟内就给舒瓦普一样东西，这东西能把他公司的业绩提高50%。然后他递给舒瓦普一张空白纸，说:“请在这张纸上写下你明天要做的6件最重要的事。”

舒瓦普用了5分钟写完。

艾维·利接着说:“现在用数字标明每件事情对于你和你的公司的重要性次序。”

这又花了5分钟。

艾维·利说:“好了，把这张纸放进口袋，明天早上第一件事是把纸条拿出来，做第一项最重要的。不要看其他的，只是第一项。着手办第一件事，直至完成为止。然后用同样的方法对待第二项、第三项……直到你下班为止。如果只做完第一件事，那不要紧，你总是在做最重要的事情。”

艾维·利最后说:“每一天都要这样做——您刚才看见了，只用10分钟时间。你对这种方法的价值深信不疑之后，叫你公司的人也这样做。这个试验你爱做多久就做多久，然后给我寄支票来，你认为值多少就给我多少。”

一个月之后，舒瓦普给艾雏·利寄去一张2.5万美元的支票，还有一封信。信上说，那是他一生中最有价值的一课。

5年之后，这个当年不为人知的小钢铁厂一跃而成为世界上最大的独立钢铁厂。人们普遍认为艾维·利提出的方法对小钢铁厂的崛起功不可没。

人们总是根据事情的紧迫感，而不是事情的优先程度来安排先后顺序，这样的做法是被动而非主动的，成功人士一般不会这样工作。

计划实现的精髓即在于:分清轻重缓急，设定优先顺序。

有一次，一位公司的经理去拜访卡耐基，看到卡耐基干净整洁的办公桌感到很惊讶。他问卡耐基说：“卡耐基先生，你没理的信件放在哪儿呢?”

卡耐基说：“我所有的信件都处理完了。”

“那你今天没干的事情又推给谁了呢?”那位经理追着问。

“我所有的事情都处理完了。”卡耐基微笑着回答。看到这位公司老板困惑的神态，卡耐基解释说：“原因很简单，我知道我所需要处理的事情很多，但我的精力有限，一次只能处理一件事情，于是我就按照所要处理的事情的重要性，列一个顺序表，然后就一件一件地处理。结果，完成了。”说到这儿，卡耐基双手一摊，很轻松地耸了耸肩膀。“噢，我明白了，谢谢你，卡耐基先生。”

几周以后，这位公司的老板请卡耐基参观其宽敞的办公室，对卡耐基说：“卡耐基先生，感谢你教给了我处理事务的方法。过去，在我这宽大的办公室里，我要处理的文件、信件等，都是堆得和小山一样，一张桌子不够，就用三张桌子。自从用了你说的法子以后，情况好多了，瞧，再也没有没处理完的事情了。”

这位公司的老板，就这样找到了做事的办法，几年以后，成为美国社会成功人士中的佼佼者。

所以，做事一定要根据事情的轻重缓急，制定出一个处理工作的顺序表来。同时多动脑，充分发挥大脑的积极作用，这样就会更有利于我们向自己的目标前进了。

习惯物语

成功人士都是以分清主次的办法完成自己的计划。这样的计划条分缕析，不至于出错。因此，为自己做一个优先顺序表是养成“计划行事”好习惯的第一步。

能说到做到

言而有信是很重要的，大家都想有好朋友，都希望朋友能真诚地对待自己，可是，如果自己不先对别人真诚，是很难获得他人的友谊和信任的。要养成这样的好习惯，需要大家在日常的学习和生活中努力培养这种好品质，而且要从每一件小事做起，严格要求自己。

一个守信誉的人才会在这个世界上立住脚，才会有人相信他，这样他在做事的时候才会比较便利些。闲暇时可以想想自己和朋友交往的经历，谁愿意和一个满嘴大话、空话、假话的人交往呢？如果一个朋友说第二天早晨来找你一起出去玩，你满心欢喜地在家里等着，可他却根本没有把说过的这些话当成重要的事情，或者早已经把此事忘在脑后了，你会喜欢这样的朋友吗？他再约你去哪里的时候，你还会相信他吗？所以，建议少年朋友们养成言而有信的好习惯。当你对朋友承诺了一件事情的时候，一定要说话算话。即使某些时候可能会为了这个承诺吃亏，也一定要按照自己的诺言去做，只有这样才能保持信誉。如果你言而无信，朋友们上了一次当，就不会上第二次当，那么，谁还会去和你交朋友？

诸葛亮是三国时期著名的军事家，是当时蜀国的丞相。那时，他率领10万蜀军正在祁山与30万魏军对阵。很显然，10万人对30万人是很难取胜的。可是就在这紧急关头，诸葛亮队伍里却有1万人服役期限已满，长期在外征战的士兵们自然非常希望能够尽快回家。这对诸葛亮来说无疑是雪上加霜。本来10万人和30万人就已经有了很大差距，如果再离去1万人，蜀军的战斗力将会受到很大影响。对此，服役期已满的士兵们也非常担心，他们心想：要回家乡的愿望准实现不了了！这时，考虑到作战的需要，一些将领们向诸葛亮建议：应该让老兵们延期服役1个月，待大战结束后再让老兵们回家。

但是，诸葛亮却说："治国治军必须以信为本，如今老兵们个个归心似箭，他们的父母、妻子、儿女也一定在家里望眼欲穿，我怎么能说话不算数呢？如果我今天说的话不去做，那么以后大家还会相信我说的话吗？"说完，诸葛亮发布命令：让服役期满的老兵们按时返家。

当老兵们得到可以回乡的消息以后，他们简直不敢相信自己的耳朵。他们一个个激动得热泪盈眶。最后，大家一致决定不走了，他们说："丞相对我们这么好，他说话算话，实在让我们想不到。现在，正是丞相用人的时候，我们怎么能走呢？我们心甘情愿留下来，报答丞相的信义！"

老兵们的话和他们的激动情绪对在役的士兵也是一个鼓励，蜀军上下自然群情激愤、士气高昂，以少胜多打败了魏军。

诸葛亮为什么胜利了呢？说话算数是其中一个很重要的原因。

诚信就是做人的品牌，就是使人产生信任的基础。

有一次，百事可乐的总裁卡尔·威勒欧普到科罗拉多大学演讲的时候，有一个名叫杰夫的商人通过演讲会的主办者约卡尔见面谈一谈。卡尔答应了，但只能在演讲完后，而且只有15分钟的时间。

杰夫就在大学礼堂的外面坐等。卡尔兴致勃勃地为大学生们演讲，不知不觉中，时间已超过了与杰夫约定的见面时间。

正当卡尔继续兴致很高地演讲时，他发现一个人从礼堂外推门，径直朝讲台上走来。那人一直走到他的面前，一言不发地放下一张名片后转身离去。卡尔拿起名片一看，背面写着：

您和杰夫·荷伊在下午两点半有约在先。

卡尔猛然省悟，没有犹豫，他对大学生们说："谢谢大家来听我的讲演，本来我还想和大家继续探讨一些问题的，但我有一个约会，而且现在已经迟到了。迟到已经是对别人的不礼貌，我不能失约，所以请大家原谅，并祝大家好运。"在雷鸣般的掌声中，卡尔快步走出礼堂，他在外面找到了正在等他的杰夫。后来，杰夫成了一名成功的商人，他把这一段经历告诉了他的朋友。他的朋友们都对百事可乐产生了信任并决定经销和宣传百事可乐。

我国有句古话说得好，"人无信不立"，"言而无信，不知其可"。大意就是，人若不守诚信，就无法生存在人群里，就什么事都做不成，大凡有所成就的人，诚信是他成大事的重要因素之一。

习惯物语

说话算数、说了就要去做，是我们与人相处的一个重要的好习惯，也是一种做人的美德。只有守信的人才能得到别人的尊重和理解，才能成就大事业。

对人对事有耐心

拥有耐心的品性在你走向使自我更平和、更富爱心的目标的过程中起着相当重要的作用。你越富有耐心，就会对现实越加宽容，而不会要求生活必须如你所愿一般。没有耐心，生活会让你饱受挫折之苦；有了耐心你的生活会增加安逸和容忍的特点，而这是内心平和不可或缺的因素。有耐心意味着你能对此时此刻的处境——即便是你不喜欢它——坦然处之。

富有耐心会有助于你保持对事物的洞察力。你会看到即使在困境中，比如说你现在面临的挑战，也并非“生死攸关”的事情，不过是你必须克服的小小障碍。没有耐心，同样的情形会变成头等紧急事件，叫喊、沮丧、伤害和高血压等接踵而来。其实根本不值得那样。不管你要应付的对象是你的孩子，还是你的老板，还是一个难对付的人或情形——如果你不想为小事动肝火，提高你的忍耐程度便是极好的开始。

美国心理学家沃尔特·米切尔和他的实验人员曾做过一个经典的“成长跟踪实验”。

沃尔特·米切尔选择了一所幼儿园，并在幼儿园选出十几个 4 岁儿童，将一些非常好吃的软糖按每人一块发给这些孩子，同时告诉他们：如果马上吃，就只能吃手里这一块；如果等 20 分钟后再吃，则能吃到两块。在美味的奶糖面前，任何孩子都将经受考验。

在这批儿童中，有些孩子急不可待，马上把糖吃掉了。另一些孩子却决心等待对他们来说仿佛是无尽期的 20 分钟。为了使自己坚持到最后，他们或闭上眼睛不看奶糖，或头枕双臂、自言自语、唱歌，有的甚至睡着了，最后，他们终于熬过了对他们来说是漫长的20分钟，吃到了两块糖。

沃尔特·米切尔和他的实验人员把这个实验一直继续下去，他们对接受实验的孩子进行了追踪调查，这项实验一直持续到孩子们高中毕业，结果发现：在4岁时就能以坚韧的毅力获得两块软糖的孩子，到了青少年时期仍能等待，而不急于求成，表现出更强的社会竞争性、较高的效率和较强的自信心，更加独立、主动、可靠，能较好地应对挫折，遇到困难不会手足无措和退缩，为了追求某个目标，他们像幼年时一样，仍能抵制“即刻满足”的诱惑。

而那些急不可待，经不住软糖诱惑，只吃到一颗糖的孩子，在青少年时期更容易有固执、优柔寡断和压抑等个性表现，他们往往屈从于压力并逃避挑战。

在对这些孩子分两级进行学术能力倾向测试的结果表明，那些在软糖实验中坚持时间较长的孩子的平均得分高达210分。后来几十年的跟踪观察也证明那些有耐心等待吃两块糖果的孩子，事业上更容易获得成功。

忍耐是为了更多的利益，为了更大的目标，“小不忍则乱大谋”就是这个道理。懂得忍耐的人，是做大事的人。

一个牧羊人养了两只羊。这两只羊几乎同时产下了两只活泼可爱的小羊羔。

一天，牧羊人像往常一样把这两只羊放了出去，把小羊羔留在了羊圈里，因为它们还太小，放出去会有危险。

两只羊渡过浅浅的河水，到对岸去吃草，但没过多久，突然天降暴雨，河水泛滥，小溪变成了激流。

牧羊人来到岸边，他知道自己的羊该回圈给羊羔喂奶了。但他发现此时过河是不可能的。

一只羊在河对岸耐心地吃草，等待河水回落，而另一只羊却焦躁不安，并开始抱怨：“这水不会落下去了，我的孩子会饿死的，我们留在这里也会被狼吃掉的。”正在吃草的那只羊试图使同伴安静下来，但无济于事，焦急的同伴没有听它的话，一跃跳进了河里。

牧羊人在河对岸看到了这一幕，却无能为力。跳入水中的羊在急流中游了几米，就被河水卷走了。

天黑的时候，河水已经回落了很多。牧羊人小心地过了河，把另一只羊抱了回来。

习惯物语

心中没有希望就不会耐心地等待，因为谁也不会等待自己认为不可能的事情。最美好的希望往往产生于最无望的逆境中，如果今天缺乏耐心而急于求成，我们就会失去明天成功的机会。一个人是否有耐性，是他人生和事业成败的重要因素。

做事能够持之以恒

世间最容易的事是坚持，最难的事也是坚持。说它容易，因为只要愿意做，人人都能做到；说它难，因为真正能够做到的，终究只是少数人。

成功在于坚持，坚持到底就是胜利。任何成绩的取得，事业的成功，都源于人们不懈的努力和执著的探索追求。浅尝辄止，一曝十寒，朝三暮四，心猿意马，只能望着成功的彼岸慨叹，只能两手空空。胜者的生存的方式就在于，能够坚持把一件事做下去，积跬步以行千里，汇小溪以成江海。

有一年中考作文题是一组漫画：一个人挖井找水，挖了几口井，都没挖到有水的深度就放弃了，而且有一口井只差几锹就可见水了，他没有持之以恒地做下去。其结果呢？没有找到水，只得悻悻离去。考生们根据画写作文，可批评“浅尝辄止”的不良学风，可讲“不讲科学，盲目打井”的教训，也可检讨“见异思迁，三心二意”的毛病。其实这里还有个寓言可谈，就是“成功往往在于持之以恒地做下去”。

在美国西部的“淘金热”中，有一个人挖到了金矿。他高兴极了，愈挖掘希望愈高，后来矿脉突然消失了。他继续挖，但努力仍归于失败。他决定放弃，他把机器便宜卖给一位老人后，便坐火车回家了。这位老人请了一位采矿工程师，在距原来停止开采的地下 3 米处挖到了金矿。

这位老人从别人放弃的地方开始，净赚了几百万美元，那个没有“持之以恒”的老兄知道了这个结果，肯定会后悔的。

明人杨梦衮曾说：“作之不止，可以胜天。止之不作，犹如画地。”这句话是什么意思呢？其实就是告诉世人坚持下去的道理：世上的事，只要不断地努力去做，就能战胜一切，取得成功。但如果停下来不做，那就会和画饼充饥一样，永远达不到目的。

这是个浅显简单的道理，但我们在实际生活中，却常常忘了它。我们常常会有“为山九刃，功亏一篑”的遗憾。成功就距我们一步之遥，我们却在最后的关头放弃了努力，让胜利轻易地与我们擦肩而过，我们该是多么懊丧！

高清愿当初在经营台湾的统一超市时，连续亏损6年。但他并没有因此放弃，而是坚持走自己的路。终于在调整营业方针、分析市民消费能力提高之后，统一超市开始转亏为盈，如今他的企业稳居台湾商店业龙头地位。高清愿的故事告诉我们，往往是在最困难的时候，最需要“持之以恒地做下去”，这是对自己勇气和毅力的严峻考验。胆怯的人往往会退缩，而勇敢的人则会经受住考验，真是“山重水复疑无路，柳暗花明又一村”。而适时调整，等待时机，也是不可少的。

要想成功，就要“作之不止”，决不能半途而废。当然，方法、计划可以调整，但绝不要让失败的念头占据了上风。

“轻易放弃，总嫌太早”。记住这句话吧，越是在困难的时候，越要“持之以恒地做下去”。有时，在顺境时，在目标未完全达到时，也要“持之以恒地做下去”，不要因小小的成功就停步不前。

“持之以恒地做下去”，是一种不达目的誓不罢休的精神，是一种对自己所从事的事业的坚强信念，也是高瞻远瞩的眼光和胸怀。它不是蛮干，不是赌徒的“孤注一掷”，而是在通观全局和预测未来后的明智抉择，它更是一种对人生充满希望的乐观态度。在山崩地裂的大地震的灾难中，不幸的人们被埋在废墟下。没有食物，没有水，没有亮光，连空气也那么少。一天，两天，三天……还有希望生还吗？有的人丧失了信心，他们很快虚弱下去，不幸地死去。而有些人却不放弃生的希望，坚信外面的人们一定会找到自己，救自己出去。他们坚持着，哪怕是在最后一刻……结果，他们创造了生命的奇迹，他们从死神的手中赢得了胜利。

有一次上实验课，教授按照平常惯例，给每个学生发了一张纸条，上面把操作步骤写得一清二楚。爱因斯坦照例把纸条抓成团状，塞进了自己的上衣口袋。过了几分钟，这张纸条就进了废纸篓里。原来他有自己的想法，不愿遵循那一套僵化的操作步骤。

爱因斯坦低着头，看着玻璃管里闪动的火花，头脑却进入了美好的物理世界，突然，“轰”的一声，使他结束了遐想。爱因斯坦觉得右手一阵酸痛，手上沾满了鲜血。师生们听到响动都围了过来。教授了解情况后，非常生气。他赶忙向系办公室走去，向系领导汇报爱因斯坦的情况，坚决要求处分这个我行我素的学生。在这之前，爱因斯坦有好多次没去上他的课，他已经要求系里警告爱因斯坦。

两星期以后，爱因斯坦在校园里和教授碰面了。教授来到爱因斯坦面前，看了他一眼，然后叹了叹气，遗憾地对他说：“可惜啊！你为什么不去学医学、法律或语言学，而非要学物理呢？”

爱因斯坦并没有完全听懂教授的话，教授认定，像爱因斯坦这样一个不听话的学生是进不了物理学殿堂的。

“我非常喜欢物理，我也认为自己具备研究物理学的才能。”爱因斯坦老老实实地答道。

教授感到很吃惊。这个学生是多么的固执啊！他摇摇头，看了看他，叹口气说道：“我是为你好，听不听由你！”

事实证明，教授的断定是错误的，爱因斯坦最后成了一个著名的物理学家。如果当初爱因斯坦真听了这位教授先生的“忠告”，物理学界就会损失一位巨星！还好，固执的爱因斯坦是有自信的。他继续走自己的路，继续刻苦攻读物理学大师的著作，不因“守旧”教授们的态度而退缩。

世界上的思想家，那些深谙事理的人，都常常以不同的方式来说明坚持的重要性。穆罕默德曾说：“上帝和坚持到底的人在一起。”看来穆罕默德深深了解坚持的重要。莎士比亚也曾说：“雨能穿石。”石头是很硬的东西，但是小雨滴不断地滴在石头上，终究可以穿透石头。然而，比莎士比亚早17个世纪之前，就已经有了这种恒久睿智的说法，罗马哲学家和诗人留克利阿斯曾说过同样的话：“水滴石穿。”

一个农民，只读了两年初中，家里就没钱继续供他上学了。他辍学回家，帮父亲耕种三亩薄田。在他 19 岁时，父亲去世了，家庭的重担全部压在了他的肩上。他要照顾身体不好的母亲，还有一位瘫痪在床的祖母。

20 世纪 80 年代，农田承包到户。他把一块水洼挖成池塘，想养鱼。但乡里的干部告诉他，水田不能养鱼，只能种庄稼，他只好又把水塘填平。这件事成了一个笑话，在别人的眼里，他是一个想发财但又非常愚蠢的人。

听说养鸡能赚钱，他向亲戚借了 500 元钱，养起了鸡。但是一场洪水后，鸡得了鸡瘟，几天内全部死光。500 元对别人来说可能不算什么，对一个只靠三亩薄田生活的家庭而言，不啻天文数字。他的母亲受不了这个刺激，竟然忧郁而死。

他后来酿过酒，捕过鱼，甚至还在石矿的悬崖上帮人打过炮眼……可都没有赚到钱。

但他还想搏一搏，就四处借钱买一辆手扶拖拉机。不料，上路不到半个月，这辆拖拉机就载着他冲入一条河里。他断了一条腿，成了瘸子。而那拖拉机被人捞起来，已经支离破碎，他只能拆开它，当做废铁卖。

几乎所有的人都说他这辈子完了。

但是后来他却成了一家公司的老总，手中有两亿元的资产。现在，许多人都知道他苦难的过去和富有传奇色彩的创业经历。许多媒体采访过他，许多报告文学描述过他。以下是他和记者的一段对话：

记者问他："在苦难的日子里，你凭什么一次又一次毫不退缩？"

他坐在宽大豪华的老板台后面，喝完了手里的一杯水。然后，他把玻璃杯子握在手里，反问记者："如果我松手，这只杯子会怎样？"

记者说："摔在地上，碎了。"

"那我们试试看。"他说。

他手一松，杯子掉到地上发出清脆的声音，但并没有破碎，而是完好无损。他说："即使有 10 个人在场，他们都会认为这只杯子必碎无疑。但是，这只杯子不是普通的玻璃杯，而是用玻璃钢制作的。"

这样的人，即使只有一口气，他也会努力去拉住成功的手，除非上苍剥夺了他的生命……

习惯物语

当柔弱的水滴有了愿望，它也能把坚硬的石头滴穿。当“锲而不舍”成为一种习惯，你的人生也将会有翻天覆地的改变。

学会欣赏别人的优点

能发现千里马的人是伯乐，能发现别人长处的人则是最有本事的人。

如果你换一种心态，学会为别人的优点高兴，为别人的成功鼓掌，你就会发现你周围的每个人都是奇迹！

要对表现优秀的人或把某事做得特别出色的人表示祝贺。鼓掌至少持续3秒钟，两个手掌充分接触，以便掌声足够响。

每一个人都有一个神奇的大脑，都有一双能创造奇迹的双手，但表现出来的才能各有不同：有的同学擅写会画，有的同学能歌善舞，有的同学勤于思考，有的同学善于动手……聪明的人善于取长补短，愚蠢的人却爱嫉贤妒能。

假如，你是一个队干部，你愿意主动“辞职”，把自己的职位让给没有当过干部的同学吗？

假如，你的同学在某个方面有了很大进步，甚至超过了你，你能真诚地向他表示祝贺吗？

再假如，面对一个缺点比较多的同学，你能主动跟他交朋友，寻找他身上的闪光点，给他真诚的鼓励吗？

有一次，教育专家李华来到一所小学的一个班，参加他们的结业主题班会。

教室里充满了掌声笑声。在中队长的主持下，同学们争先恐后地赞扬进步大的同学。忽然，李华听到了一个熟悉的名字：王云。

“王云现在能按时完成作业，期末语文考得特别好，大家说他的进步大不大？”

“大！”中队长的话音未落，全班同学已经爆发出同一个声音。

几个月前，李华第一次走进四（2）班教室，正是为了王云。听说他不守纪律，不完成作业，考试不及格，常常被父亲打骂。那次，郭沫同学的爸爸受校长之托请李华到学校给全校家长讲怎样教育孩子做人。王云的爸爸听了直掉眼泪，他痛苦地对李华说："我也不愿打孩子，可他老不争气，我实在没招了！"

除了打，难道真的没有别的办法了吗？李华跟着王云的爸爸来到四（2）班。教室里一片沉寂，全班的家长都在，许多家长也都在为孩子发愁。那天，李华和家长们约定：今后，以赞扬来代替责备，以激励来代替打骂！

一个月后，李华第二次来到四（2）班，送给全班同学每人一份礼物——快乐人生三句话："太好了！"、"我能行！"、"你有困难吗？我来帮助你！"那天，李华和同学们也约定：把挑剔的眼光变为欣赏的眼光，多发现别人的优点。轮换当干部，让每一个同学都成功！

新上任的班主任徐美英是一位优秀的老教师，她组织全班同学开展了"一人进步大家乐"的活动。短短几个月，全校有名的乱班发生了巨大的变化，其中数王云的进步最大！

期末班会上，王云激动极了！他说："升入四年级，我没挨过一次打，徐老师从来不告状，同学们也常鼓励我，我记住这句鼓舞人心的话'我能行'，学习纪律都进步了，我从心里感谢大家！"

王云的进步告诉我们：一个人的进步离不开集体的关心和大家的帮助。

习惯物语

如果我们每一个人都试着去欣赏别人的优点，给予真诚、衷心的赞美与鼓励，那么每一个人的潜能都会充分地发挥出来，每一个人都会找回自信，获得成功！

做事不拖拉

有个朋友问一位做事拖拉的人一天的活是怎么干完的。这个人说："那很简单，我把它当做昨天的活。”拖沓岂止是昨天的活今天来干？《韦氏新世界英语词典》给“拖沓”下的定义是：“把（不愉快或成为负担的）事情推迟到将来做，特别是习惯性这样做。”

如果你是个办事拖拉的人，你一定在浪费了大量的宝贵时间。这种人花许多时间思考要做的事，担心这个担心那个，找借口推迟行动，又为没有完成任务而悔恨。

大多数人或多或少存在拖延的习惯，想得好好的事，就是迟迟不能付诸实行。“等明天”、“等合适的时候”、“等条件具备才干”、“等找到工作”、“等结婚”、“等小孩子长大”、“等退休”……这样等下去，最后可想而知，结果只能是“等到下辈子吧”。

美国总统富兰克林说：“Never leave that until tomorrow，which you can do today”。意思是说今天的事不要拖到明天。

桂永学，太平洋保险南昌分公司的负责人，在谈到企业管理时也说到了“今日事，今日毕”，从现代企业管理角度看，这是个合理安排经营时间的话题，它要求按照既定的计划，在有效时间内取得企业的期望价值。

有一天，美国前总统华盛顿的秘书以“手表慢了”为由再次迟到，华盛顿便说：“或者你换块新手表，或者我换个新秘书，我的表从来不问客人有没有到，它只问时间有没有到。”

拖延导致低效，说明拖延是一种降低工作效率的糟糕习惯。你对某事的行事方式，执行者若完全依本子办事，但到了某一阶段，发现有些问题，那么，你就应站出来，好好将事情解决，不要拖延。

有计划而不去执行，使之烟消云散，这对于你的品格力量会产生非常不良的影响。一个生动而强烈的意象、观念闪入一位作家的脑海，使他生出一种不可阻遏的冲动——要想提起笔来，将那美丽生动的意象、观念移向白纸。

但那时他或许有些不方便，所以不立刻就写。那个意象不断地在他脑海中活跃、催促，然而他还是拖延。后来那意象便逐渐地模糊、暗淡了，终至于整个消失！

最足以误人的无过于拖延的习惯，世间有许多人都是因为此种习惯所累而至陷入困境。拖延的习惯，最能损害及减低人的做事能力。你应该极力避免拖延的习惯，就像避免一种罪恶的引诱一样。

假使对于某一件事，你发觉自己有着拖延的倾向，你应该跳起来，不管事情处于什么样的状况，立刻动手去做，不要畏难、不要偷安。这样久而久之，你就能改掉那拖延的毛病。你应该将“拖延”当做你的最可怕的敌人；因为他要窃去你的时间、品格、能力、机会与自由，而使你成为他的奴隶。

要医治拖延的习惯，其唯一的方法就是事务当前，立刻动手去做。多拖延一分，就足以使事情难做一分。

做事的秘诀是什么？是行动。而督促你去运用这个秘诀的座右铭是：现在就去做。

搁着今天的事不做而想等明天做，就在这个拖延中所耗去的时间、精力，实际上也够将把事情做好。

“种下行动就会收获习惯；种下习惯便会收获性格；种下性格便会收获命运”。心理学家兼哲学家威廉·詹姆士这么说。他的意思是——习惯造就一个人，你可以选择自己的习惯，在使用自动自发的座右铭时，你可以养成自己希望的任何习惯。

只要一息尚存，在说过“现在就去做”以后，就必须身体力行。无论何时必须行动，“现在就去做”的象征从你的潜意识闪到意识里时，你就要立刻行动。

请你养成习惯，先从小事上练习“现在就去做”。这样你很快便会养成一种强而有力的习惯，在紧要关头时便会“立刻掌握”。

卡努斯博士提出“5分钟行动”建议。意思就是说，每次花个5分钟进行该做的事，做完5分钟后，你再考虑一下，是不是要再做个5分钟，这样一直持续下去（因为只做5分钟，我们不会东担心、西担心，反而容易全力以赴，如果有了信心，也许会加长时间，做半小时或一小时）。这个方式可让踌躇的你迈出行动的第一步，只要一开始进行，我们就可能依照惯性一直做下去，似乎觉得也不难了。

不管你用什么方法让自己“立刻行动”起来，你就会战胜拖拉，一辈子都会积极行动。“每一次的挫折都不会让你退却，每一次你都会毫不犹豫立刻行动，每一次你都会把久拖未决的事解决一小部分，那么，你已经正在转变态度。”卡努斯说。

不过他警告说，与拖拉的心态战斗时，不要期望立刻获得战果。因为，这种不良习惯不是单一的因素，它是整个心理结构所造成的行为。因此，不可能很快就有改变。就拖拉的本性而言，它反而排斥改变，因为拖拉者本来就会把有益自身的事情一延再延。所以必须一步一步慢慢解决，奖励自己的进步，因为你距离长远的目标愈来愈近。

当你克服拖拉的习惯、养成“现在就动手做”的习惯时，你就掌握了个人进取的精义。

孟列·史威济非常喜欢打猎和钓鱼，他最喜欢的生活是带着钓鱼竿和猎枪步行50里到森林里，过几天以后再回来，筋疲力尽，满身污泥而快乐无比。

唯一不便的是，他是个保险推销员，打猎钓鱼太花时间。

有一天，当他依依不舍地离开心爱的钓鱼湖，准备打道回府时突发奇想。在这荒山野地里会不会也有居民需要保险？那他不就可以即时工作又可在户外逍遥了吗？结果他发现果真有这种人：他们是阿拉斯加铁路公司的员工。他们散居在沿线50里各段路轨的附近。可不可以沿铁路向这些铁路工作人员、猎人和淘金者拉保呢？

孟列·史威济就在想到这个主意的当天便开始积极进行此计划。他向一个旅行社打听清楚以后，整理好行装。他不肯停下来让恐惧乘虚而入，自己吓自己会使以后自己的主意变得荒唐，以为此计划可能失败。他也不左思右想找借口，他只是搭上船直接前往阿拉斯加的“西湖”。

史威济沿着铁路走了好几趟，那里的人都叫他“走路的史威济”，他成为那些与世隔绝的家庭最欢迎的人，因为没有人愿意跟他们打交道，他却前来拉保。同时，他也代表了外面的世界。

不但如此，他还学会理发，替当地人免费服务。他还无师自通地学会了烹饪。由于那些单身汉吃厌了罐头食品和腌肉，他的手艺当然使他变成最受欢迎的贵客啦。而在这同时，他也正在做一件自然而然的事，正在做自己想做的事：徜徉于山野之间、打猎、钓鱼，并且像他所说的——“过史威济的生活”。

在人寿保险事业里，对于一年卖出100万元以上的人设有光荣的特别头衔，叫做“百万圆桌”。在孟列·史威济的故事中，最不平常而使人惊讶的是：在他把突发的一念付诸实行以后，在动身前往阿拉斯加的荒原以后，在沿线走过没人愿意前来的铁路以后，他一年之内就做成了百万元的生意，因而赢得“圆桌”上的一席地位。假使他在突发奇想时，对于做事的秘诀有半点迟疑，这一切都不可能发生。

“现在就去做”可以影响你生活中的每一部分，它可以帮助你去做该做而不喜欢做的事。在遭遇令人厌烦的职责时，它可以教你不推脱延迟。但是它也能像帮助孟列·史威济那样，帮你去做你“想”做的事。它会帮你抓住宝贵的刹那，这个刹那一旦错过，很可能永远不会再碰到。

请你记牢这句话：“现在就去做!”

习惯物语

“要做就立刻去做!”这是成功人士的格言。凡是将这句格言作为座右铭的人，永不会有悲惨的结局。凡是应该做的事，拖延着不立刻做，留着将来再做，有着这种不良习惯的人总是弱者。